我
们
一
起
解
决
问
题

[日] 横田尚哉 著

郑新超 译

拆解
一切问题

超解 問題解決で面白いほど仕事がはかどる本

如何成为解决难题的高手

人 民 邮 电 出 版 社

北　京

图书在版编目（CIP）数据

拆解一切问题：如何成为解决难题的高手 ／（日）横田尚哉著；郑新超译. -- 北京：人民邮电出版社，2021.1（2023.2 重印）
ISBN 978-7-115-55053-8

Ⅰ. ①拆… Ⅱ. ①横… ②郑… Ⅲ. ①成功心理—通俗读物 Ⅳ. ①B848.4-49

中国版本图书馆CIP数据核字(2020)第197721号

内 容 提 要

在工作和生活中，我们经常面对纷繁复杂的问题。可是，你真的会解决问题吗？解决问题的关键在于"拆解"，即通过优化思路，把问题化难为易，拆解并重构成具体可执行的步骤，然后逐一突破，轻松解决。

本书倡导一种多维度拆解问题的新思维和方法论，全书共有 5 章，以"锁定—分析—创构—锤炼—完善"为线索，具象而清晰地向读者呈现拆解问题的全流程。每个子流程都对应一种拆解思维，阐述了尺子思维、剪刀思维、针线思维、锤子思维和螺丝刀思维在解决问题中的具体应用。作者还结合生活中有趣的案例，深度解读了"4M 管理法"、头脑风暴法等经典思维方法，并提供了 1 张思维导图、4 张拆解清单、5 张拆解指南、30 多个章节导图，为读者指明了一条独具创新的拆解问题的路径。

本书不仅适合想学习如何高效解决问题、提高个人能力的职场人，对所有的人来说也是解决现实问题、破解人生难题、实现个人能力迭代升级的宝典。

◆　　著　　[日]横田尚哉

　　　　译　　郑新超

　　责任编辑　谢　明
　　责任印制　彭志环

◆　人民邮电出版社出版发行　　北京市丰台区成寿寺路 11 号
　　邮编 100164　电子邮件 315@ptpress.com.cn
　　网址 https://www.ptpress.com.cn
　　三河市中晟雅豪印务有限公司印刷

◆　开本：880×1230　1/32
　　印张：7.5　　　　　　　　　　2021 年 1 月第 1 版
　　字数：150 千字　　　　　　　2023 年 2 月河北第 16 次印刷
　　　　著作权合同登记号　图字：01-2020-4006 号

定　价：59.00 元
读者服务热线：（010）81055656　印装质量热线：（010）81055316
反盗版热线：（010）81055315
广告经营许可证：京东市监广登字20170147号

前言

＼ 为什么要学会拆解问题

作为解决问题的专家，30 多年来，我一直致力于为客户分忧解难，帮助他们解决在日常生活中遇到的各种问题。基于多年的工作经验，我可以自信地告诉大家，谁都可以妥善地处理和解决问题。

解决问题是我们永恒的课题。

解决问题的核心在于拆解，即将整个问题分解成若干单元，逐一突破。不会解决问题是因为不会拆分问题的结构、无法厘清问题的种类，也没有将帮助思考的辅助工具用到极致。

可是有人会抱怨说："从来都没有人教过我怎么拆解问题，我不会。""我不知道该如何具体操作。"

的确如此。学校和公司都没有教过我们到底该如何解决问题，我们没有接受过这方面的训练。谁都没有教过我们拆解问题的技巧，却突如其来地让我们直面挑战。如此说来，我们不擅长解决问题是理所当然的，在工作上一直没有进展也是可以理解的。但是，我们身边总有一些人很擅长解决问题，他们堪称解决问题的高手。

那么，你在职场和生活中是否也遇到过棘手的问题，你是如何解决的呢？你想从本书中学习巧妙地拆解问题的方法吗？

下面，我们将探讨如何拆解问题，帮助大家掌握解决问题的技巧。目前，市场上关于如何解决问题的书有很多，但大部分都聚焦在探究原因上，就像运用犯罪学解析方法追踪犯人一样，让人感到乏味。

然而，本书所传达的是一种积极、有趣的拆解问题的方法，就像解说如何与理想中的恋人相遇一样，让人充满期待。

劳伦斯·D. 麦尔斯（Lawrence D. Miles）曾经留下这样一句至理名言："改变想法是解决问题的重要一步。"

人生就是一场历练，你随时都会面临各种难题。那么，请你从现在就尝试着做出改变，学会解决问题的技巧，让你的未来更加熠熠生辉、光彩夺目吧！

☼ 遇到问题后，你会怎么做

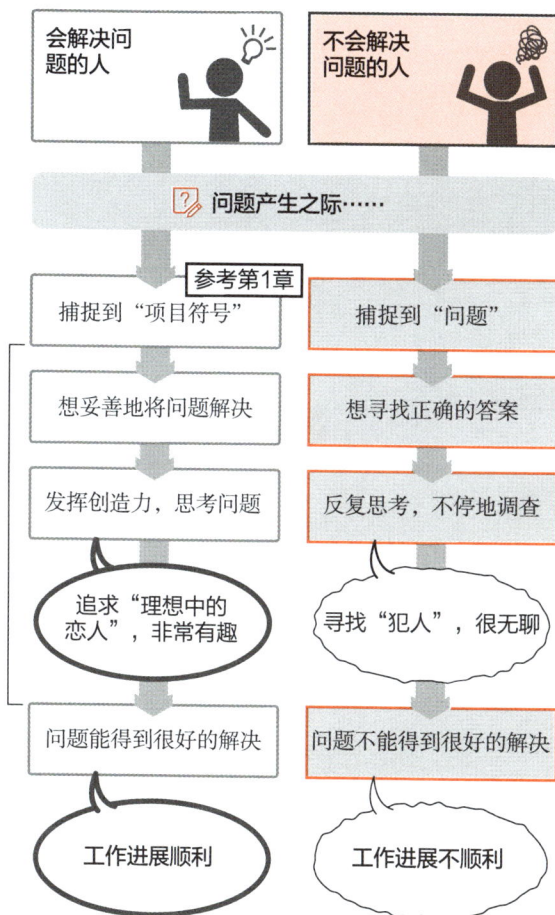

会解决问题的人

不会解决问题的人

❓ 问题产生之际……

参考第1章

会解决问题的人	不会解决问题的人
捕捉到"项目符号"	捕捉到"问题"
想妥善地将问题解决	想寻找正确的答案
发挥创造力，思考问题	反复思考，不停地调查
追求"理想中的恋人"，非常有趣	寻找"犯人"，很无聊
问题能得到很好的解决	问题不能得到很好的解决
工作进展顺利	工作进展不顺利

☼ 解决问题的三大核心步骤

从问题的发生到问题的解决

发现问题 | 参考第1章

第1步 分析 | 参考第2章

把问题彻底拆分，逐个考虑每一部分的作用和功能。

第2步 创构 | 参考第3章

为了得到关键性的解决方案，灵活运用相关领域知识，创造条件，抓取改善点，激发创造力。

第3步 锤炼 | 参考第4章

为了得到优质的解决方案，在转换视角、制作清单的同时，逐一克服各种方案的缺点。

目录

第 2 章

剪刀思维：分割杂糅问题

关键词：分析

第 3 章

针线思维：链接碎片化问题

关键词：创构

第 4 章

锤子思维："实锤"疏忽问题

关键词：锤炼

第 5 章

螺丝刀思维：拧紧大脑的发条，让拆解成为一种习惯

关键词：完善

第 **1** 章

尺子思维：丈量问题的边界

关键词：锁定

弄懂"解决问题"这件事

将所有问题拆解成疑问和难题两个层面

❭ 所有问题都由难题和疑问两个层级构成

探讨如何解决问题的第一步是明晰"解决问题"的本质。那么"解决问题"到底是什么意思呢？

很多人不明白解决问题到底是怎么回事，并且认为自己无法面对困难，不擅长处理问题。

因此，即使他们历尽千辛万苦，拼尽全力想解决问题，其结果也并不理想。他们摸索不出问题的解决方法，层出不穷的问题就像一团团乱麻，让其百思而不得其解。究其原因，是因为他们误解了解决问题的真正含义。

所有问题都包含两个层面。如果用英语来阐释"问题"这个词，一是指"难题、分歧"（problem），二是指"疑问"（question）。然而，我们在学校里学到的是针对疑问层面的解决问题的能力，而一般人往往缺乏理解和处理"难题"或"分歧"的能力。

❗ 解答疑问层面的问题

> 架子上有五个馒头，胜男吃了两个，请问架子上还剩下几个馒头？

这个问题就属于典型的疑问，每个疑问只对应一个正确答案（又被称为"标准答案"或"解题示范"）。而对这个唯一的正确答案的寻求过程就是解答。

对于诸如此类的疑问，我们只需要套用以往的解题方法，或者查阅相关资料，按照资料阐述的步骤执行，问题便能迎刃而解。而整个解答疑问的过程则被称为"操作"。

但是，操作过程经常出现在课堂教学场景中，在实际生活和职场中却并不常见。

我们在生活和职场中经常面临的问题是指那些与设想迥然不同的问题，以及在某种紧急状态下必须及时处理的非常规问题。

❗ 解决难题层面的问题

> 为了不让架子上的馒头减少，我们应该怎么做才好呢？

这个问题就是我们所说的难题。一个难题可以对应多个可选择的解决方案。这些解决方案只有优劣之分，没有对错之别。而经过苦思冥想，寻求更好的方案的过程则被称为"解决问题"。

在解决问题的过程中，我们必须活用所学的知识和积累的经验，进行综合性考量，还要以加倍的努力和顽强的毅力践行，在实践中检验方法，而这个过程则被称为"创作"。

换言之，在生活和职场中我们经常会遇到一些棘手的事情，这时我们要采取必要行动推进事情顺利进展，而这个过程就是解决问题的过程。

◣ 操作和创新的区别

无论是谁，无论何时何地、在何种情况下，只要按照预先设定的标准程序执行，都能获得几乎没有误差的相似成果的工作便是操作。

为了获得截然不同的成效，灵活运用时间、人和环境的差异，不拘泥于以往的做法，自由进行实践和尝试的工作就是创新。

○ 本节导图

问题（难题）

×

创新

错误的
做法

生活
场景

解答 ← → 解决

对于生活场景中的问题，
无论怎么寻求答案也无
济于事。这类问题只有
通过创新来解决。

课堂教
学场景

操作

问题（疑问）

解决问题和解答问题的方向截然不同

不是解答问题，而是解决问题

不会解决问题的人的"口头禅"

不会解决问题的人止步于调查，会解决问题的人致力于思考

▌ 不会解决问题的人的思维模式

会解决问题的人和不会解决问题的人之间的根本性区别在于理解问题的角度不同。如果不分情况，一味地将"难题"理解为"疑问"，有时就会导致本末倒置，甚至会南辕北辙。

换言之，在必须进行创造性活动才能解决问题的情况下，我们不能墨守成规，按照解答"疑问"的思路进行操作，这样做解决不了任何实际问题。

究其原因，这是因为这种做法的目的不在于解决实际问题，而在于按照惯例处理问题。有这种思维模式的人坚信标准答案肯定存在于某个地方，于是到处寻找这个标准答案。这种类型的人是无法真正解决问题的，他们所做的都是"无用功"，因为他们从一开始就犯了方向性错误。

这些人往往都有这样几个"口头禅"。

- 有没有人知道这个问题的标准答案？

- 有没有解决类似问题的成功案例？

＼ 解决问题高手的"口头禅"

精通解决问题的人会事先弄清楚眼前的问题到底属于"难题"还是"疑问"。也就是说，他可以根据具体问题具体分析、区别对待，针对不同的问题制定不同的解决方案。

如果只停留在"疑问"（有标准答案，只需要解答的问题）的层级，就毫无"解决"可言，只能将此过程视为一种单纯的解答工作，把这项任务放入待办工作列表即可。一旦跨入了"难题"（比较棘手的，需要苦思冥想、绞尽脑汁的，必须创造性地解决的问题）的层级，我们就需要进行缜密的思考和整体性考量。

精通解决问题的人通常有这样几个口头禅。

- 到底什么才是问题？
- 那一点真的是问题所在吗？

通常情况下，我们会面临以下几类问题（见图 1-1）。

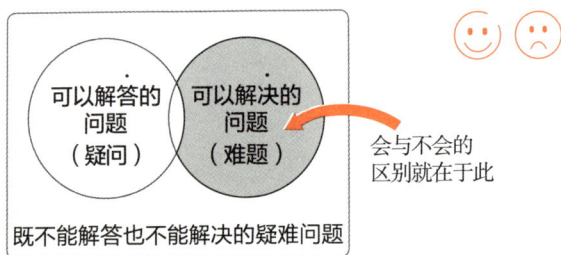

图 1-1　眼前的问题到底属于哪一类问题

╲ 调整捕捉问题的方向

如果我们把所有难题都当作有标准答案的疑问，那么会导致什么样的结果呢？

我们可以试着倒推，捕捉问题的方法不同会造成所要达成的终极目标不同。如果终极目标不同，那么看待问题的视角也会发生改变。而如果看待问题的视角有所改变，最终所要采取的具体行动也会发生改变。如此推导，在解决问题的过程中，人们的思维方式，甚至心态都会截然不同。

在大多数情况下，我们应该将问题当作"难题"应对，并且必须掌握解决难题的方法，即解决问题的关键性技巧。

没有掌握这种技巧的人，除了把问题当作疑问来寻找标准答案以外别无他法。而在大多数现实场景中通过这种方法是无法真正解决问题的。

　　因此，请你务必刻意练习攻克"难题"的技巧，努力成为一个会解决问题的人。

❁ 本节导图

	不会解决问题的人	会解决问题的人	
视角	疑问	难题	
目标	正确答案	解决方案	
侧重点	结果	过程	
行动	调查、调查、调查	思考、思考、思考	不会解决问题的人的典型做法
起点	问题产生的原因	解决问题后的理想状态	
思考	操作	创作	
意识	被动的、客观的	自发的、主观的	
方法	横向比较	个性化对待	
解决方案	用排除法倒推	用强化法推进	
提炼	无法提炼出一个完备的方案	找到令人满意的方案	
心情	无聊、乏味	也许很有趣	
结果	不能顺利解决	能够顺利解决	

不会解决问题的人与会解决问题的人的区别

前者热衷于调查，后者致力于思考

ISSUE 五步高效流程

察觉→锁定→筛选→落地→评估

接下来，我们还必须理解解决问题的流程。如果将解决问题的过程进行拆分，那么大致可以分为以下五个步骤。这五个步骤密切相连，无论哪一个步骤欠缺了，都无法顺利解决问题。

＼ 第 1 步：察觉问题出现的征兆

认识问题是指认清当下的事态、目前的局面和状况。这一阶段最为关键，我们必须在问题萌生之际就能够有所察觉，以便在事情变得不可收拾之前，有足够的时间、精力和精准的对策控制事态的发展。

◎ 察觉问题的方法：定期检查

1. 察觉暂时出现的现象

2. 察觉偶然的现象

3. 通过询问的方式察觉

在问题刚刚出现时，切勿错失良机，要及时发现问题出现的征兆和苗头，这些因素对于我们解决问题和掌控局面至关重要。这种征兆有时会转瞬即逝，有时则会以微小变化的形式"非显性"地呈现出来。因此，我们必须具备一双慧眼，时刻提高警惕，提升对问题征兆的辨识能力。

在问题的征兆尚未出现时，我们也可以通过走访询问和定期检查的方式进行识别，做足功课，加强戒备，防患未然，以便在问题出现时做好充分的准备，积极应对。

◥ 第 2 步：锁定问题改善之处

所谓锁定问题改善之处就是指将问题特定化，也就是将应该改善的要点固定化，避免这个点扩大成面，进而导致局面失控。为了确保在改进过程中不偏离既定方向，我们必须慎之又慎，清晰地列出应改进的要点，精准地锁定问题改善之处。

◥ 第 3 步：筛选解题路径

筛选解题路径也就是选择恰当、行之有效的解决方案。这个阶段要求我们能够找到有切实改进效果的应对良策。

有时我们可以从既有的方法中找到答案，有时必须苦思冥想，进行创新性思考，开辟一条全新的解题路径。

第 4 步：解决方案的适用性

无论多么巧妙的解决方案，如果不适用于"这一问题"，眼前的窘境就不会得到改善。因此，我们必须按照行动前的设想，着手寻求真正"对症而落地"的方案。

在这种情况下，我们需要最大限度地致力于寻找适用于解决某一问题的特定方案。当然，或许我们会遇到挫折、面临困境，但是这种不适和不便都是暂时性的。我们要尽力克服不适感，提升执行力。

第 5 步：积极评估改进效果

评估改进效果是指确认问题是否得到了彻底性解决。这种解绝不是停留于问题表面的紧急处理或追求短期内所呈现出来的暂时性效果，而是指问题从根本上得到全面而彻底的解决。最理想的状态是对改进效果进行深度调查和定量评估。当然，我们在实际工作中有时也会进行定性评估，这两种评估都是十分必要的，我们通过评估使解决问题的过程形成了闭环。

○ **本节导图**

I**dentification**

- 察觉问题出现的征兆
- 认识问题的阶段

S**pecification**

- 锁定问题改善之处
- 聚焦需要改进之处的阶段

S**election**

- 筛选解题路径
- 选择最佳解决对策的阶段

U**tilization**

- 解决方案的适用性
- 应用所选对策的阶段

E**valuation**

- 积极评估改进效果
- 确认问题是否真正得到解决的阶段

解决问题的五个阶段

ISSUE[①] 解题法

---

① I 代表认识（Identification）、S 代表详述（Specification）、S 代表选择（Selection）、U 代表应用（Utilization）、E 代表评估（Evaluation）。

两个魔法提问

扔掉公式，重新度量

以下两个问题的提出，对于我们认识问题的本质是大有裨益的。

- 为了谁？
- 为了什么事情？

请大家经常思考这两个问题，这样做有助于发现出现问题的征兆和解决问题的线索。

＼ 警惕先入为主的观念

在日常活动中，我们经常有先入为主的观念，往往不会认真地逐一判断事情的真伪，也不会主动以新的视角审视问题，而只会按部就班地"高效率"地处理各项工作。

尤其对于那些类似于事务性的工作，我们完全不需要苦思冥想就能轻松地执行。例如，很多人写邮件时会经常使用"一直以来承蒙您的关照""您辛苦了"等固定句式。可以想象，在使用这些固定句式时很多人的大脑是一片空白的，他们没有思考就将这些寒暄的话直接写进了邮件。

然而，我们面临的情况会发生变化，新的问题的征兆可能已经出现了，只是由于它们比较隐蔽，还没有形成大的气候或者没有明显地表现出来，大部分人还没有认识到其严重性。

如果我们一直抱有成见，就不会有意识地重新审视自己所面临的问题。久而久之，这会导致惰性思维——什么都按惯例处理，最终我们就会丧失发现问题、思考问题的能力。

因此，我提出以上两个"魔法提问"，以便帮助大家进行深度思考。只要时刻"扪心自问"，加强这方面的意识，并经常刻意练习，我们就会逐渐形成拆解问题的思维。我曾特意制作过写有这两个问题的便笺，把它们贴在计算机、鼠标、手机等经常使用的私人物品上（见图 1-2）。

只要写在显眼的地方，就可以随时意识到这两个问题

图 1-2 认识问题的两个"魔法提问"

＼ 通过问答深度认识问题

针对这两个问题，我们无论采取自问自答的方式还是询问他人（同事、朋友）的方式都是可行的。大家一起思考，增强问题意识，或许会取得更好的成效。

- 这份文件是为谁而做的？为什么要做这份文件？
- 这项工作是为谁而完成的？为什么要完成这项工作？
- 现在的争论是为谁而产生的？因为什么事情而产生的？
- 这项规则是为谁而制定的？为什么要制定这项规则？

如果我们不能马上得出答案，疑问就很有可能升级为难题。即使有了答案，如果有不协调感或违和感，或者大家的答案不一致，也有可能演变为难题。

我们采用问答的方式分析问题，不但不需要特别的道具，而且没有任何时间限制，随时随地都可以实现。通过这种思考方式，我们能够敏锐地察觉任何问题的苗头和征兆，从而将不必要或可以避免的问题扼杀于"摇篮"之中。

○ **本节导图**

```
                    ┌─────────────┐
                    │     开始     │
                    └─────────────┘
                           │
                           ▼
                    ┌─────────────┐
                    │  为了谁      │
                    │  为了什么 (?) │
                    └─────────────┘
                           │
          否               ▼
    ┌──────────◇   是否能够解答   ◇
    │              └──────────────┘
    │                     │ 是
    │                     ▼
    │              ┌─────────────┐
    │              │  答案  ☑    │
    │              └─────────────┘
    │                     │
    │                     ▼         否
    │        ◇   是否有违和感   ◇──────┐
    │         └──────────────┘        │
    │                │ 是             │
    ▼                ▼                ▼
┌────────────────────────┐  ┌──────────────────┐
│  成为难题的可能性很高 ☝  │  │  成为难题的        │
└────────────────────────┘  │  可能性偏低 ☟      │
                            └──────────────────┘
```

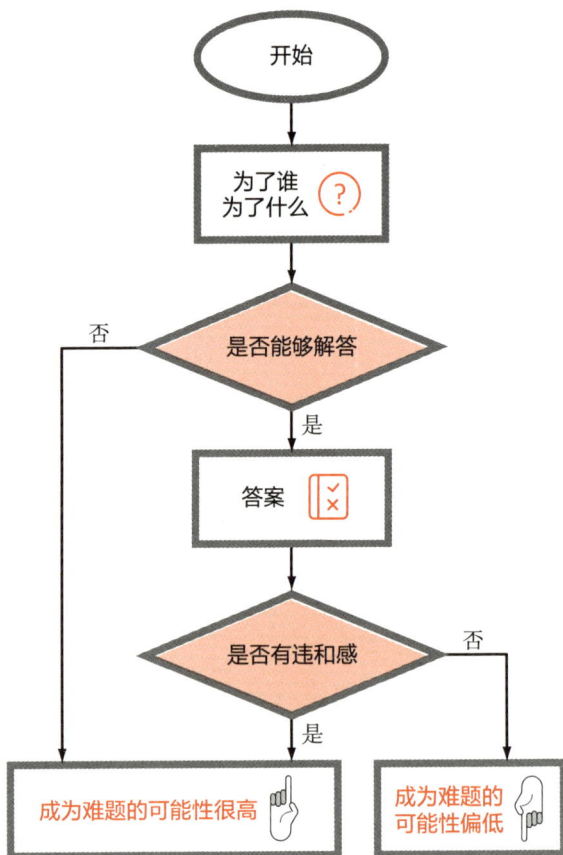

认识问题流程图

首先要心存疑虑，时常提问

"4M 管理法"的杠杆效应

不要拿来就做，而要直击问题的"死穴"

我们一旦发现问题出现的苗头，就必须立刻将其锁定，以便及时将其"扼杀"于萌芽之中。不过我们不应该马上着手解决，而应该对问题进行深入的剖析和挖掘，确定需要改进的地方和改进的方案，然后有针对性地实施改进方案，这便是解决问题的诀窍。

这时，我们可以尝试着用"4M 管理法"拆解问题。简言之，4M 是指人力（Manpower）、机器（Machine）、材料（Material）、方法（Method），具体如下所述：

- 人力：在现场直接从事工作的人；
- 机器：检测工具、模具等；
- 材料：原材料、半成品、零部件等；
- 方法：工艺流程和操作规范。

4M 是生产过程中的基本要素，在生产中，这四项要素如果出现异常就会对产品的品质造成一定影响，所以我们需要对这四项要素进行重点监控。

如果这四项要素是稳定的，最终生产出来的产品就一定是合格的，结果是可控的。但这只是一个理想的状态，在实际工作中，人力、机器、材料、方法这四项要素经常会发生变化，这就衍生出"4M 变更管理法"，其核心是通过控制这些变化，将结果控制在允许的范围内。

▌"4M 管理法"的应用：助力企业员工培训

曾经有一家企业的员工培训效果不太理想，企业领导想着手改革，开发适合本企业的员工培训项目。于是，他们委托我策划并执行整改工作。

在整改工作的初期，虽然我们对存在的问题已经有了基本的认识，但是还没有完全确定有针对性的改善点。于是，我尝试着提出了以下疑问。

- 员工培训规划是否本身就存在问题？
- 员工培训规划不完善是否真的是问题所在？

果不其然，我得到的答案是含糊不清的。没有人能给出一个确切的答案。

我们在解决问题时，在一个环节上绝对不能犯错——对需要改进的特定项目的认定。如果在这个环节上出了差错，那么无论怎么努力都不可能实现目标。

怎样认定需要改进的特定项目呢？我们应该聚焦"4M 管理法"中的四项要素，从这四项要素的视角深度考量需要改进的地方。具体而言，我们要从产品责任人的变更、机器设备的变更、材料（含包装材料）供应和采购的变更、工艺流程和操作规范的变更等四个环节出发，层层把关，审视这四个方面的管理和运作是否规范，是否毫无纰漏，从而进行精细化筛选，抓取必须把握的实质性问题。

◥ 定位解决问题的起点

在这个案例中，企业员工培训没有收到预期效果，说到底这只是一个最终的结果而已。我们目前最应该做的不是纠结于这个消极的结果，而是把握问题的症结所在，把应该改善的环节毫无遗漏地列出来。按照"4M 管理法"列举应该改善的地方对问题的解决是大有助益的，具体操作如下。

- 人力：有没有关于人和组织的改善之处？
- 机器：有没有关于工具和装置的改善之处？
- 材料：有没有关于材料和数据的改善之处？
- 方法：有没有关于方法和流程的改善之处？

＼ "4M 管理法"的底层逻辑：捕捉问题本质

"4M 管理法"一词来自 "4M 工程管理法"，后者原本是制造业专业用语，后来演绎为在出现问题或事故时确定原因的方法。

我们在讨论问题解决的对策、寻求问题出现的原因时也经常使用这种方法，因此，"4M 管理法"也被叫作 "4M 分析法"。

总之，在确定问题改善之处时，我们不能凭主观感觉，而要层层拆解问题。虽然我理解大家想尽快解决问题的心情，但还请冷静处理，沉着应对。

在上面的案例中，导致员工培训效果不佳的原因有很多：也许是因为讲师的教授方法不对；也许是因为员工自身的学习意识淡薄或缺乏主动学习的积极性；也许是因为企业没能找到可以充分展示培训效果的场合。

在进一步的调查中我们发现，那家企业的症结不在于员工培训规划本身，而在于企业在运营管理上有应该改进的地方。因此，我们应该聚焦于企业运营管理方面的纰漏，而不必纠结于员工培训规划。

如上所述，如果能够合理使用"4M 管理法"，我们就可以快捷而高效地确定亟待解决的问题（当然，还有其他有效的方法可以为我们所用）。使用恰当的分析方法，进行综合性考量，确定问题的改善之处——这才是解决问题的真正起点。

○ **本节导图**

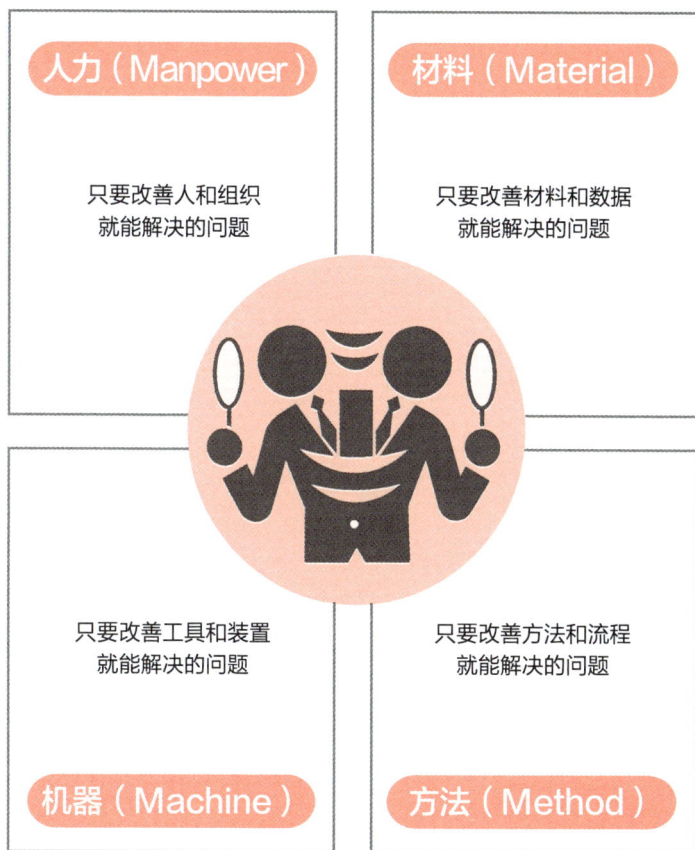

人力（Manpower）	材料（Material）
只要改善人和组织就能解决的问题	只要改善材料和数据就能解决的问题
只要改善工具和装置就能解决的问题	只要改善方法和流程就能解决的问题
机器（Machine）	方法（Method）

用"4M 管理法"确定问题的改善之处

不要进行"模糊化"的捕捉，而要进行"焦点化"的排查

两条解题路径：再现化和具象化

与其回溯过往，不如拆解出新的现实洞见

＼ 过去的再现化：解决日常问题

认识问题和确定问题改善之处这两个步骤完成后，我们将步入选择问题解决路径的阶段。在这个阶段，我们要确定解决问题的办法。

为了寻找能够彻底解决问题的方法，我们甚至要先列出方向完全相反的解决方案。

第一种方法被我称为"过去的再现化"。实践证明，这种方法在我们解决日常问题时能够经常派上用场，而且非常有效。

这种方法的核心逻辑是：把问题的出现看作某种原因导致的结果，从而对导致这个结果的原因穷追不舍，然后为了追究真正的原因而设定新的假说，并对这一假说进行验证。

"过去的再现化"要求我们务必逐一记录事件发展的过程和人员行动轨迹。如果缺少完整的记录，则可以详细地询问相关人员事件的来龙去脉。总之，要追溯到事件发生的时间点，尽可能地还原事实真相，从而找出行之有效的解决策略。

针对日常生活中经常发生的琐碎问题，我们可以使用这个方法。如果将出现的问题和解决方法的关系模式化，大家就不必为寻找解决策略而感到烦恼了。

◥ 未来的具象化：给想象力设定一个着力点

第二种方法被我称为"未来的具象化"。这种方法通常在解决非常规问题上发挥着显著的作用。

例如，我们常遇到这种类型的企业——它需要传达的是面向未来的服务理念，或一种创新的商业理念，因此我们要协助客户发挥想象力，即将未来具象化。

企业要如何将特定的理念准确地传达给客户？最重要的一点是让目标客户与企业的理念有接触的机会，这也是最难实现的一个环节，因为想象力是无限的，企业要努力给无边无际的想象力设定一个着力点，进而建立企业的品牌理念。因此，在提交答案之前，我们必须先明确到底要解决什么问题，并将对未来的想象具象化地呈现出来。这种方式能够协助我们站在使用者的立场理解企业想要和外界沟通的内容，从而让企业的服务经过优化，最终更符合使用者的需求。

◎ 直指真正原因的 5Why 分析法

5Why 分析法是丰田汽车公司的丰田佐吉提出的分析问题的方法。他认为，对于某个问题的出现，如果连续追问 5 个"为什么"，就能找到真正的原因和事实真相。这种方法经常被用于防止劣质产品的再次出现，目前已得到了广泛普及和应用。

为了有效地解决问题，我们有时需要摒弃惯用方法，把注意力转移到真正想达成的理想目标上，为了确保理想目标的达成而不懈努力。

对于通过"过去的再现化"无法解决的问题以及涉及整体的问题，我们可以首选这个方法。换言之，对于用操作性的办法不能解决的问题，我们只有通过创造性的办法才能解决。

﹨ 像寻找未来的恋人那样解决问题

遗憾的是，很多人习惯采用"过去的再现化"的方法，却不知道还可以运用"未来的具象化"的方法解决问题，而这也导致了他们在实践中的屡次失败。

所以我想传达给大家的是这样一种观念：不要像回到过去、找出穷凶极恶的罪犯那样痛苦地解决问题，而要像去未来寻找恋人那样，愉快地解决问题。

◎ 常用的管理方法

IE 是工业工程（Industrial Engineering）的简称，主要用于推进制造业等生产性工业的效率化和高速化。

TOC 是限制理论（Theory of Constraints）的简称，是企业识别并消除在实现目标过程中存在的制约因素的管理理念。

ISO 是与品质管理相关的国际标准，是指通过外部认证提高管理的可靠性、透明度，以及产品品质的标准。

6σ 是"六西格玛"（Six Sigma）的简称，是一种改善企业质量流程管理的方法。

○ 本节导图

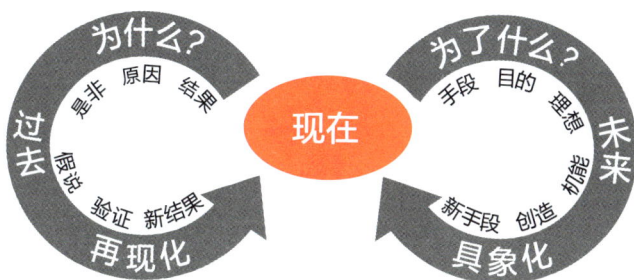

面向过去	**方向**	面向未来
追究原因	**意识**	追求理想
日常生活问题	**对象**	疑难问题
5Why分析法、IE、TOC、ISO等	**工具**	特定方法
搜查犯人	**类比**	寻觅恋人
苦闷	**情绪**	愉快
寻找	**行为**	创造
操作性	**思考**	创作性

解决问题的两条途径

与其寻找过去的"犯人"，不如寻觅未来的"恋人"

两个世界的拆解

将世界拆解成"形式"和"功能"两个界面

﹨ 创造性地解决问题：功能研究法

功能研究法是由通用电气公司（General Electric Company）开发的解决问题的方法（见图 1-3），其原理并不难理解。与直接解决问题的方法不同，所谓功能研究法，是指先进行功能（效用、作用、意图、目的、目标）的置换工作再解决问题的创新型方法。这种方法简单易行，至今仍在全世界范围内被广泛使用。然而，在实际工作中，几乎没有人能完全理解并熟练运用这种方法。

只要提到解决问题，大多数人都会回溯过去，追究问题产生的原因，反复通过假说进行验证，寻找解题思路。这是一种传统的解决问题的方法，可是其效果却经常让人不满意。

因此，我建议大家可以尝试使用功能研究法，通过这种方法我们能够创造性地解决疑难问题，加速推动工作的进展。

☆ 为了避免先入为主的观念，通用电气公司提出了功能研究法。
☆ 该方法在制造业中得到了广泛的普及和应用。

图 1-3　功能研究法

＼ 前提：理解有两个世界存在

我们应该先理解自己生存在两个不同的世界里——一个是"形式"的世界，另一个是"功能"的世界。

在日常生活中，我们能够感受到的世界是"形式"的世界，这是一个可以通过感官来认知的世界。

当然，还存在一个无法直接感觉到的"功能"的世界，即和本质、作用、效果、目的、使命、目标等因素密切相关的世界。

只有通过在这两个世界之间的自如往复，我们才能不受刻板印象和固有观念的影响，自由地进行创造性思考。

◎ **利用感官所传达的"形式"**

- 我们可以将形式理解为通过感官传达的信息的总称。在大多数情况下，人们只能通过形式进行交流和相互理解。

- 物品包括产品等有形的对象。

- 事情包括服务等无形的对象。

▼ 通过三个关键步骤找到解决问题的办法

实际上，即使没有意识到有两个世界存在的人也能本能地找到解决问题的方法。通常情况下，我们可以通过以下三个关键步骤解决问题，这三个关键步骤依次是分析、创构、锤炼。

◎ **三个关键步骤**

- [分析] 用思维的剪刀分割杂糅问题

分析问题呈现的形式，进入功能的世界，并配置独特的解决问题的方法（参考第 2 章）。

- [创构]用思维的针线链接碎片化问题

　　在功能的世界里进行创造性思考，摒弃固有观念，进行功能化的深度构思（参考第 3 章）。

- [锤炼]用思维的锤子精准砸实疏忽问题

　　将构思出来的东西代入形式的世界里，从而实现解决问题的闭环（参考第 4 章）。

　　解决问题的三个关键步骤有很强的适用性，即使时代、语言和文化不同也可以被普遍使用。

　　那么，从下一章开始，我将按照上述步骤对如何解决问题进行详细的解释和说明。

⚙ **本节导图**

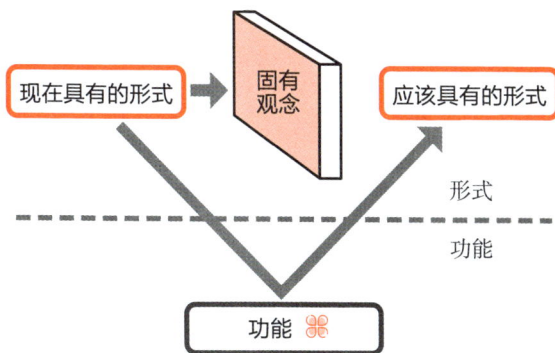

阶段	技巧和方法
分析	信息收集、要求分析、问题分析、风险评估、功能定义、功能整理
创构	捕捉灵感、创作、构思
锤炼	利弊分析、缺点筛查、成本估算、效果预测、详细评价

功能研究法的原理和解决问题的三个关键步骤

有意识地剥离形式

拆解清单①

检查此处
是否需要改善？

- ☐ 新方案可预测的作用和效果都很显著

- ☐ 新方案受到的制约很少

- ☐ 改善后会对周边及整体带来很大影响

- ☐ 现在的做法是徒劳的，效率低下

- ☐ 问题频繁出现，难题堆积如山

- ☐ 一直维持以前的做法，没有改变

哪怕只有一条符合，请马上着手改善吧！

拆解指南①锁定 尺子思维：丈量问题的边界

步骤1：认识问题

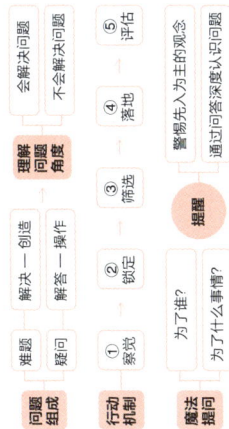

- 问题组成
  - 难题
  - 疑问
- 行动机制
  - 解决—创造
  - 解答—操作
  - ① 察觉 → ② 锁定 → ③ 筛选 → ④ 落地 → ⑤ 评估
- 魔法提问
  - 为了谁？
  - 为了什么事情？
- 理解问题角度
  - 会解决问题
  - 不会解决问题
- 提醒
  - 警惕将先入为主的观念
  - 通过问答深度认识问题

步骤2：确定问题改善之处

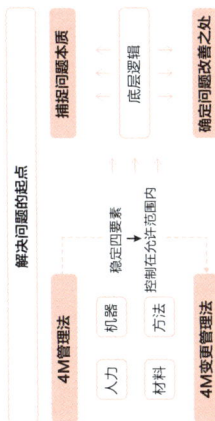

- 解决问题的起点
  - 4M管理法
    - 人力
    - 机器
    - 材料
    - 方法
    - 锁定四要素 → 控制在允许范围内
  - 4M变更管理法
- 捕捉问题本质
  - 底层逻辑
- 确定问题改善之处

步骤3：选择解决问题的路径

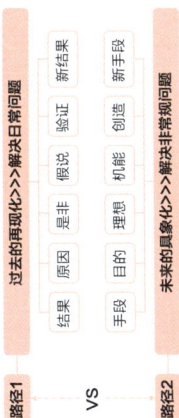

- 路径1
  - 过去的再观化 >> 解决日常问题
    - 结果
    - 原因
    - 是非 → 假说 → 验证 → 新结果
    - 目的
    - 理想 → 机能 → 创造 → 新手段
    - 手段
- vs
- 路径2
  - 未来的具象化 >> 解决非常规问题

步骤4：确定解决问题的方法

- 理解
  - "形式"的世界
  - 功能研究法
  - "功能"的世界
  - 通过五种感官认知的世界
  - 与本质、作用、效果等相关的世界
- 方法
  - ① 分析 → ② 创构 → ③ 锤炼

制图 | 至简文化馆

第 **2** 章

剪刀思维：分割杂糅问题

关键词：分析

认知的螺旋式上升

将问题"大卸八块"后重新建构

❮ 真正的分析：分解 + 解析

何谓分析？分析就是将构成事物的各个要素细分、拆开理解，明确问题的本质，遵循逻辑线索调查其内部结构和运行程序，对事物进行系统性整理，从而使其清晰地显现出某种特质或根本属性。

从语义上讲，"分"和"析"这两个字都有分解的意思。然而在工作中，并不是单纯通过"分解"就可以解决问题的。无论涉及问题的分析还是数据的分析，仅仅通过"分解"是无法认清本质的，必须达到"解析"的程度，才算真正意义上的分析。

❮ 分析的两个步骤：拆散 + 整合

也就是说，分析包括分解和解析两个部分。简而言之，就是先拆散再整合。我们务必精准把握这个词的真正含义，只有这样才能促使问题的进一步分解，而这一点将直接决定我们能否顺利解决问题。

例如，我们曾收集过一家企业各个营业点的销售数据资料并对其加以分析，具体步骤如下：

- 把收集到的数据按时间段进行分类；
- 只收集特定品种的商品；
- 按时间顺序进行排列；
- 制成能显示差异化的图表。

通过上述分析，我们能够清楚地看到产品的销售额有周期性下滑的趋势，并能够详细掌握在哪些时间段会出现销售额下滑的情况，而这些都能够为制定新的营销战略提供有价值的参考（见图 2-1）。

❮ 分析的作用：颠覆看待问题的视角

如果要说通过分析能得到什么收获，那就是我们看待问题的视角发生了根本性改变。视角发生了变化，问题的外观就会迥然不同，这就是分析问题的真正意义所在。

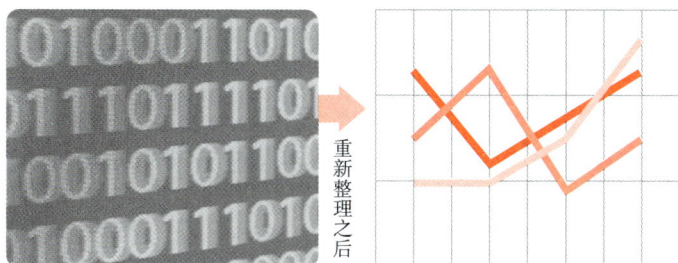

图 2-1　分析企业的销售数据

问题被拆分后，处于分散状态的逻辑和整合后的逻辑必然不同，因此我们才会得到全新的认识。如果采用同样的逻辑进行整合，只会回到原来的状态，毫无进展。

想要展现给别人看的侧重点不同，分析的内容也会不同。也就是说，是采用拆分整理的逻辑处理问题还是采用总结归纳的逻辑处理问题——取决于你要展现的侧重点。此外，在分析问题时，极其重要的一点是不要受限于刻板印象和固有观念，这样才能让大家看到问题的本质。

虽然解决问题的方法有很多，但是在功能研究法中，只有一种有效的方法——从"形式的世界"进入"功能的世界"，向人们展示问题的本质。

⚙ 本节导图

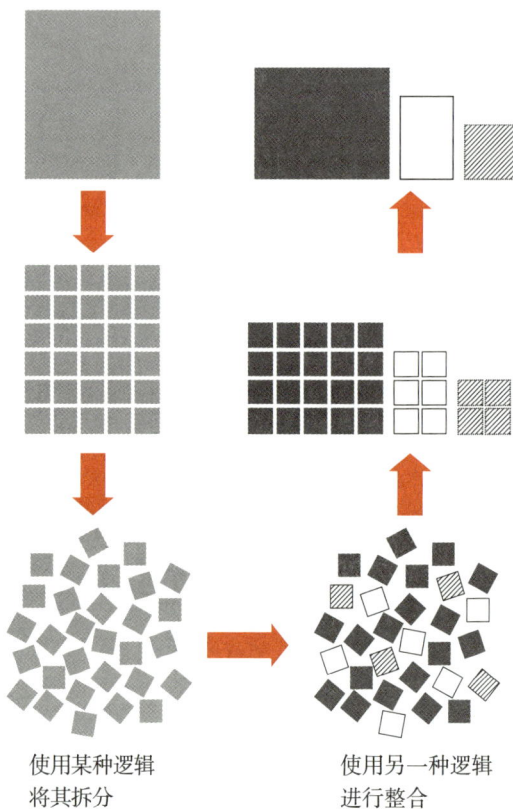

使用某种逻辑
将其拆分

使用另一种逻辑
进行整合

改变问题的外观

先将问题拆散，然后整理汇总

种下一棵"问题树"

将问题拆分到可处理的单位

＼ 拆分的要点

分析问题的第一步便是将问题拆分。其要点主要有两个：一是整理；二是对细节进行分解。

正如前文所言，我们生存的世界可以一分为二——一个是"形式"的世界，另一个是"功能"的世界。整理是在日常的"形式的世界"中进行的。因为这个环节在分析之前，所以即便存在固有观念也不会对解决问题产生太大影响。

概括而言，我们先要明确问题涉及的全部对象，也就是解决问题的范围，接着要将对象分门别类，再把它们逐一细化，为分析工作做好准备。

例如，我们重新考虑一下前文中关于"架子上的馒头"的问题。其实，问题的实质是馒头的保管问题，整体过程是从收纳馒头到吃掉馒头的过程。在此过程中，存在的风险便是胜男有可能把馒头吃掉。

我们可以把这个问题按照物品和事件拆分为三个大的类别：
收纳、保管和消费。如果再把这三个大的类别进行详细的拆分，
那么又可以分为有关物品和事件的若干小的类别。

❭ 处理问题的最小单位

虽然每个工种处理的具体问题都是不一样的，但是拆分问
题的细致程度是类似的——都要将问题拆分到能够处理的最小
单位。

我们没有必要将问题细化到常人不能理解的程度，但是我
们要尽量将问题彻底地拆分到常人能够理解的最小单位。例如，
即使职业都与同一种蔬菜相关，农民只需要细化到以"棵"为
单位，厨师可以细化到以"克"为单位，而营养师则需要细化
到以"微克"为单位。

在处理较复杂的问题时，我们就需要拆分出很多"零件"，
分析工作将花费大量的时间。

我们在处理大型的、复杂的项目时，可以采用项目管理的
结构化方法。控制系统不仅要对其自身进行整合，而且要对相
关项目组织和人员进行有效整合。这就是所谓"完全整合"，它

包括对进度、资源和成本的整合，对计划和控制的整合，对组织的整合，对所有项目系统的整合，以及将上述各项与人力系统的整合。

实现整合的主要方法是结构化，它包括项目结构化和组织结构化。这种结构化不仅能够提供整合的框架，还有助于推动项目的设计与控制，以及人力资源的管理。结构化是进行有效项目管理的核心和关键。

在有具体时间限制的情况下，我们往往还没有将问题分解到最小单位便急于分析，这会导致无法精准地确定问题的改善之处，这一点尤其值得大家注意。

◤ 常见的分解结构

在对事物进行拆分之后，可以看到相关对象的构造，我们把这个过程称作"分解结构化"，并把最终构图称作"分解结构图"。

如果以项目为对象，我们就可以制成项目分解结构图；如果以工作为对象，我们则可以制成工作分解结构图。此外，项目管理中还有系统分解结构图和组织分解结构图等。

工作中常见的分解结构包括工作分解结构（以下简称为WBS）、组织分解结构（以下简称为OBS）、项目分解结构（以下简称为PBS）等。

大家可能比较熟悉WBS，也可能知道OBS，而最容易忽略PBS。

PBS侧重于交付结果本身，WBS侧重于过程。而OBS则侧重于按照工作分工与类别进行层级的设计。在复杂的大型项目中，项目的层级设计尤为重要。

WBS是指将工作分解成易于管理的几个部分或几个细项，以便能够找出完成工作所需要的全部要素。WBS工作法是一种在项目相关范围内分解和定义各层级工作的方法。通过这种方法，最后会形成一份层次清晰、具体、可实施的工作依据。我们可以把WBS比作一棵硕果累累的"树"，其最底层是细化后的"可交付成果"。但WBS并不限于"树"状，还有多种呈现形式。

以上各种分解方法都是在工作中被广泛使用的。总之，为了确定需要改进的关键点，第一步就要毫无遗漏地拆分问题包含的所有内容。

◎ **PBS 和 WBS**

PBS   Project Breakdown Structure的简称，意为项目分解结构。

WBS   Work Breakdown Structure的简称，意为工作分解结构。

⚙ 本节导图

```
              "架子上的馒头"问题
    ┌──────────────┼──────────────┐
 馒头的收纳        馒头的保管        馒头的消费
    │               │               │
 ┌─馒头           ┌─场所           ┌─时间
 │                │                │
 ├─前一天剩下的    ├─橱柜           └─晚饭后
 │                │
 └─五个           └─最顶层
    │               │               │
 ┌─器皿           ┌─放置           ┌─对象
 │                │                │
 ├─大盘子         ├─离开           └─七口之家
 │                │
 └─一个           ├─胜男
                  │
                  ├─发现了
                  │
                  └─吃掉了
```

"架子上的馒头"问题的结构化

全方位、无死角地分解问题

处理问题的底层逻辑

重新定位解题思路

❮ 所有事物都有其相应的作用

我们在分析问题时，虽然也可以按照常规的思路和方法直接着手处理，但是为了避开刻板印象和固有观念，也可以尝试采用平时并不常用的思路重新定位问题。

那么我们究竟应该使用什么样的逻辑思考呢？思考问题的逻辑必然包括以下两个前提：

- 存在的所有东西都有它的作用；
- 发生的所有事情都有它的意义。

所有事物都有其作用和效用，这种作用和效用又把彼此离散、看似毫无关联的事物联系起来。在生活中，我们可以把事物呈现出来的形式看作其功能的具体表现。

◎ **功能体现了事物的本质**

功能将形式和内容一体化，体现了事物的本质。

其具体内容包括意思、意图、目标、效果、目的、理由、性能、使命、作用等。

＼ 功能优先于形式

功能分析法的倡导者劳伦斯・D. 麦尔斯提出了这一论点。

没有人真的想要冰箱，人们真正想要的是储存在冰箱里的食品（见图 2-2）。人们的要求和希望并不是针对物品的形式，而是针对它的功能。

> 冰箱　　储存的食品

图 2-2　人们真正想要的东西是什么

这种想法构成了功能分析法的底层逻辑：不管形式发生了怎样的改变，都要优先考虑功能的达成，并将此作为解决问题的首要任务。

如果人们对物品的功能有所要求，我们就应该以功能为出发点展开讨论。从功能出发的思考方法是合理的，这种分析问题的思路演化成一种处理问题的方法——功能分析法。

◥ 提升察觉力：从关注功能入手

首先，我们应该从注意到功能的存在开始。

例如，某本书的版式很有特点，下方的页边距较大。其实这并不是随意的设计，而是有意为之的。也就是说，版式设计者选择了在每页下方留有空白的设计方式是有意图的，这种设计是具有某种功能的，会引发读者的思考。反过来说，版式设计者之所以这样设计，是因为他意识到了功能的存在。

那么，请再环视一下你周围的物品。它们的颜色、形状、材质都是设计者随意设计的吗？还是设计者为了达成某种效果、实现某种功能才有意为之的呢？

在日常生活中，我们要提升对外界事物的察觉力。我们应该注意、意识、察觉、联想到一些事情，而不是仅仅对事情展开调查。当你走在街道上时，当你乘坐地铁或其他交通工具时，当你坐在办公室里时，请留心观察眼前的物品，思考它们分别具有什么样的功能（见图 2-3）。

鱼钩	有	捕鱼	的功能
锄头	有	翻土	的功能
支架	有	支撑重物	的功能
弹簧	有	压缩	的功能
发动机	有	转动轮子	的功能
炉灶	有	加热食物	的功能

图 2-3　形式中隐藏的功能

○ 本节导图

井盖为何是圆形的？

公交车上的吊环之间为何留有一定空隙？

塑料瓶盖外圈为何设计成锯齿形？

构建功能的世界

聚焦事物的功用

给"眼镜"下定义

❚ 表达的目的是传达想法

如果大家能够注意到功能的作用，就能够把它变成语言，通过语言表达最根本的意图。通过改变说法，便可以将我们的所思所想直接传达给别人，也可以把它们以文字的形式记录下来。

或许有人会认为，我们好不容易从形式的世界进入了功能的世界，这样一来岂不是又回归形式的世界了吗？确实如此，语言也是一种形式的体现，属于形式的世界。然而，我们并没有回到与当初完全一致的形式的世界，这就是功能分析法的独特之处。

当我们给事物的功能下定义时，要遵照某种规则或规律。我们在表达想法时应该选用形式简单、意思明了的词语，从这个意义上看，功能是非常简单而朴素的概念。

❚ 真正想要的不是眼镜本身

例如，在"眼镜是一种矫正视力的物品"这句话中，眼镜是主语，眼镜是用来"矫正视力"的。这种给"眼镜"下定义的方式属于形式世界中的表达方式。换句话说，眼镜是一种名称。在这句话中，"眼镜"与"矫正视力的物品"是可以相互替代的，它们所要解释的是相同的对象。

人们真正想要的并不是眼镜本身，而是能够"矫正视力"的物品。

我们在思考和讨论问题时，不应该仅仅思考其外在形式和呈现方式，而应该深入思考它的功能，反复讨论该如何实现它的功能，这才是真正合理的拆解思维。

那么，对于前文中提到的三件物品的特定功能，我们应该用以下语言表述：

- 将井盖设计成圆形的目的是：消除方向差别；
- 使公交车上的吊环之间留有一定空隙的目的是：允许横向移动；
- 将塑料瓶盖外圈设计成锯齿形的目的是：增加摩擦力。

○ **本节导图**

这是什么？

这是眼镜。

这是它的形式（外形）。
可是眼镜有什么用呢？

眼镜是用来矫正视力的。

那么，矫正视力就是眼镜的功能。

眼镜的形式和功能

用名词和动词表达语义

换一种方式说话

说出问题时，已经有了答案

❧ 明确目标：使用具体的名词

我们在将功能转换成语言时，应该优先选择具体的名词。

使用的名词指意不明就会导致名词作用的对象模糊不清。如果不能明确对什么产生作用，我们就无法判断是否已经顺利实现了功能。

下面，我将向大家介绍两种具体的操作方法。

❧ 定量："把房间变亮"的真正含义

为了使名词指代的内容更具体，我们可以使用定量名词表达语义。定量名词是可以被测定的，即可以在某种程度上确认事物功能的具体实现情况。

定量研究与定性研究是一组相对应的概念。我们要想考察事物的量，就得用数学工具对事物进行数量的分析，这就叫作定量的研究，也称为"量化研究"。定量研究是社会科学领域的一种基本研究范式，也是科学研究的重要方法。

那么，什么叫作"定量名词"呢？怎样使用定量名词呢？在此，我们举一个简单的例子。

我们可以试着将"把房间变亮"这样不清晰的说法转换成另一种说法："提高照明度"。

这样一来，行为作用的对象就会从"亮"这个不清晰的概念变成可以被测定的"照明度"。

我们使用"提高照明度"这一说法意味着可以断定照明度具体可能上升到什么程度，所以照明度是否上升、上升了多少，都可以通过测量呈现出来，那么功效是否已经达成也就有了明确的测定标准。这就是使用定量名词的意义所在。

我有一个诀窍：在表述时尽量不使用形容词，而使用数词和量词。因为形容词依赖于人的感性思维，即使是相同的照明度，有人会感到非常明亮，有人则会感到并不明亮。因为感觉是因人而异的，具有难以捉摸、没有定数的特点，所以感觉通常无法作为客观的判断标准。

然而，数词和量词不依赖于人的感觉。人们在使用数词和量词时，可以用一种类似于共享的方式表达事物，增强了客观性和公正性，不会产生不必要的偏差或分歧。因此，这种表述方式是值得信赖的。

下面，我将列举一些使用定量名词的例子供大家参考（见图 2-4）。

✖ 刊登广告	➡	◯ 提高知名度
✖ 温暖空气	➡	◯ 提高室温
✖ 消除凹凸感	➡	◯ 减小梯度差
✖ 欢迎再次光临	➡	◯ 提高顾客来店频率
✖ 挽留顾客	➡	◯ 延长顾客在店停留时间
✖ 加快供应速度	➡	◯ 缩短供应时间
✖ 留出间隙	➡	◯ 扩大距离

图 2-4　使用定量名词阐明问题

▲ 定性："穿制服"的真正含义

当我们所要表达的对象是感性事物时，就不能使用定量名词，而应该使用定性名词。虽然感性不能被测量，但是可以通过定性名词比较其程度的不同，从而确认其功效的达成情况。在此，我要向大家介绍另一种分析问题的方法：使用定性名词描述事物。

众所周知，定性研究是根据事物具备的属性及在运动中的变化研究事物的一种方法或角度。定性研究是以普遍承认的公理、一套演绎逻辑和大量历史事实为分析基础的。我们在进行定性研究时，要依据一定的理论与经验，直接抓住事物的主要特征，可以暂时忽略数量上的差异。

那么，我们在此所说的定性名词究竟是什么样的名词呢？

例如，我们可以尝试着将"穿制服"这个词组换一种表达方式，如换成"统一外观"。那么，效果的内容会从"制服"这一不能确定的东西变成"外观"这一相对可测的东西。我们只要看其外观，就能清楚地判断其功效是否已经达成，以及达到何种程度。

使用定性名词的诀窍是着眼于感性词语，我们用这类词语能够判断功效是否达成。例如，我们是如何判断人们有没有穿制服的？做出判断的依据是什么？那就是"外观"这一视觉感受。如果我们能够捕捉到做出判断的依据——外观，并且使用它表达语意，那么就能够有效地分析问题。下面，我举几个使用定性名词阐明问题的例子（见图 2-5）。

✖ 派遣警卫员	➡ ◯ 提升安全感
✖ 换椅子	➡ ◯ 提高舒适度
✖ 出示证据	➡ ◯ 提高可信度
✖ 使用金属材料	➡ ◯ 提升高级感

图 2-5　使用定性名词阐明问题

○ **本节导图**

加热空气

热、冷

✕ 抽象的

具体的

提高室温

+1 ℃、−1 ℃

加热器的作用

为了能够准确测量，请使用定量或定性名词

登上"抽象的梯子"

越抽象视野就越开阔

使用抽象的动词拓宽思路

在把要实现的功能转变成语言表达出来时，如果使用相对抽象的动词，那么其表达效果会更佳。

因为在表达想要达成某种目标时，如果我们使用浅显易懂的动词，其作用的方式就会非常清晰。而如果动词作用的方式过于明确，我们就很容易受到固有思维的影响。

因此，为了拓宽解决问题的思路，我们在表达时还是应当优先选用相对抽象的动词。

登上抽象的梯子

为了使用更加抽象的动词，我们可以尝试采用一种叫"登上抽象的梯子"的方法，即像爬梯子一样逐级提升动词的抽象程度。

打个比方，在"朗读订单记录"这一事项中，我们是以"朗读"这一方式为前提的。"朗读"这个动词显然过于普通，比较常规化。接收到这一指令后，人们往往会陷入思维定式，容易受到先入为主的观念的影响。

然而，如果我们把"朗读订单记录"提升为"传达订单记录"（就像登上了一级抽象的梯子），那么我们可以选择的方式和手段的范围就会扩大很多。如果我们再登上一级，将其提升为"确认订单记录"，那么可以采用的方式和手段的范围就会进一步扩大。

将"朗读"抽象为"传达"，再抽象为"确认"——随着所使用动词的抽象程度的提升，解决问题的思路会被大大拓宽，这也促使了解决方案的推陈出新。因此，如果使用不限制手段而且能够拓宽视野的动词，我们就能扩大创新的范围。

将动词抽象化的诀窍是经常发出这样的疑问："我如果那样做就能达成效果吗？"例如，我们可以先问自己："朗读完了就能达成效果吗？"通过这一提问，我们会注意到"传达"的层面。然后，如果再问到"传达完了就能达成效果吗"我们就会意识到"确认"的层面。以此类推，逐步发问，我们就能将动词从起初的"朗读"升级为"传达"，进而升级成"确认"，同时我们对问题的分析也会不断深入。

☼ 本节导图

抽象的（目的）

成孔

制孔

打孔

挖洞

具体的（手段）

抽象的梯子

使用抽象的动词能够拓宽视野，打开"脑洞"

活用 FAST 图表

捕捉关键性功能，解锁问题本质

❮ 在大脑中反复回响：这是为了什么

我们在解决问题的过程中可以发现事物的各种功能，有的更加接近事物的本质，有的更加接近处理事物的方式，其性质千差万别，程度各不相同。因此，为了找到更接近本质的东西，我们有必要按照一定逻辑对自己的思路进行系统而全面的整理。

我们在整理思路时遵循的逻辑是"目的—手段"。试想一下，如果我们发现某个功能是实现其他功能的手段，那么在脑海中就自然会萌生这个疑问："这是为了什么？"

❮ 真正的目的是增加了解品牌的机会

我们应该优先考虑更接近于问题本质的功能。

例如，在"提高照明度"的案例中我们可以尝试着进一步思考功能性问题。如果问及为什么要在店内提高照明度，我们会发现这是为了提高店内所展示商品的被发现率。

因此，我们更想达成的关键性功能并不是提高照明度，而是使被展示商品更加显眼，即提高商品的被发现率。这样看来，我们没有必要过分拘泥于提高照明度这件事。

这就意味着，如果即使不提高店内的照明度，也能够找到其他提高商品被发现率的方法，我们就可以尝试切换。

而且，如果还要继续问为什么要提高商品的被发现率，我们就会发现它的真正目的在于增加品牌与顾客的接触点。

实际上，增加品牌与顾客的接触点是指增加消费者了解品牌信息的机会，这些接触点是品牌信息的主要来源。接触是整合营销传播的核心概念，是指将品牌、产品类别以及任何与市场相关的信息传递给顾客或潜在顾客的过程。

品牌接触点的意义不仅体现在具体的每个点上，而且它意味着要将人、物和渠道等各方面进行整体联动，采取动静相结合的方式，实现"1+1>2"的效果，这也是管理和运用品牌接触点传播的最终目标。

通过反复进行以上发问和思考的训练，我们可以将各种各样的功能整理成一个图表，这个图表被称为"FAST 图表"。

▍整理技术的 FAST 图解法

FAST 是功能分析系统技术（Function Analysis System Technique）的简称。为了有效地实现整理的功能，查尔斯开发了 FAST 图解法。

FAST 图解法是功能的系统化解析，用以解析复杂的程序或组合；以逐层分析的方法决定计划所需要的功能。其具体步骤是：先进行功能分析，了解研究范围内的主要功能和次要功能；接着将该功能加以整理，了解其系统内部的关系。

▍关键性功能解锁问题的本质

请大家看本节结尾处的"商品陈列的 FAST 图表"，越往左侧，所要达成的目的层次就越高。最后，目的被统合起来，形成一个统一的核心目的。

其中，尤为重要的功能是关键性功能，它所表示的是问题的本质。也就是说，我们不能从各个行为的表面考虑如何解决问题，而应该从关键性功能的层面进行把握。

在前文的案例中，我们真正想要达成的目标并不是"提高店内的照明度"，而是"增加品牌与顾客的接触点"。可见，我们必须从关键性功能着手进行分析。因为只有按照这种思路分析问题，才能从固有观念、思维定式中摆脱，从而使思考和解决问题的活动变得更加富有创造性。

◎ **什么是关键性功能**

　　对象的存在意义以及选择它的理由等级别的功能。在存在多个功能的情况下，必须保证各个功能是相对独立的。如果各个功能有不同侧重点（如目的、手段），那么更接近目的的功能便是关键性功能。

◇ 本节导图

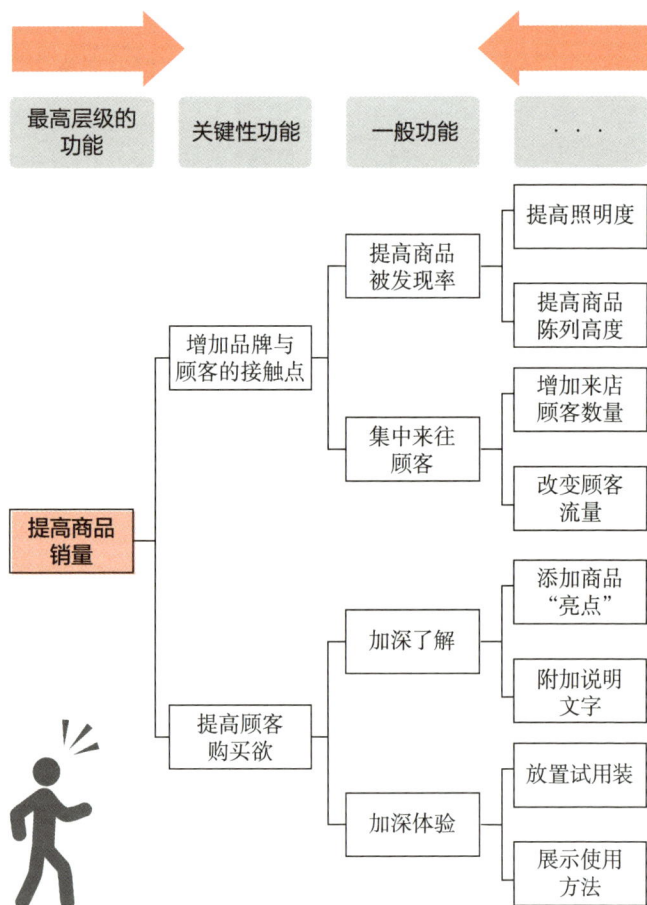

商品陈列的 FAST 图表

拆解清单②

对象

到达会场的方向指南

现状

有人无法到达会场

理想

看到指南的人全部抵达

分解

| 说明路线的邮件 | 谷歌地图的链接 | 显示到会场的路径 | …… | …… |

用名词和动词表示作用

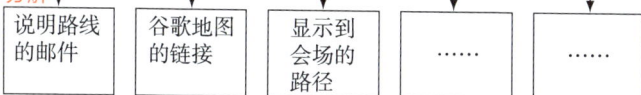

发送谷歌地图链接	
显示路径	
减少时间损失	
……	

锁定两个因素（目的和手段）梳理问题

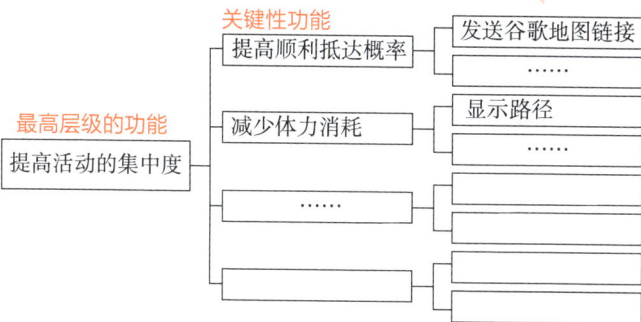

如何做？　　　　　　　　　　　　　　　　为何做？

关键性功能

最高层级的功能

提高活动的集中度

提高顺利抵达概率 → 发送谷歌地图链接 / ……

减少体力消耗 → 显示路径 / ……

…… →

选择关键性功能

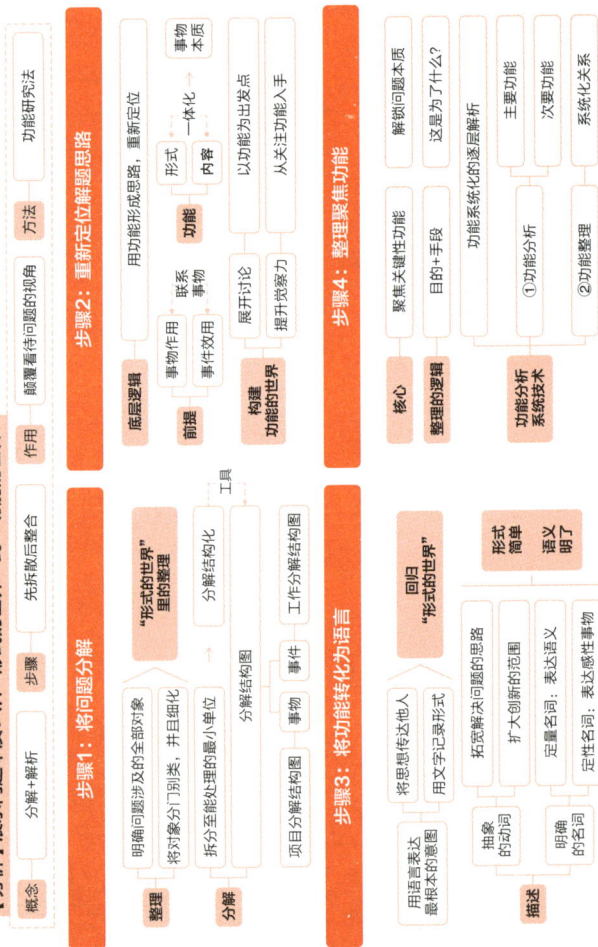

拆解指南 2 分析 剪刀思维：从 "形式的世界" 到 "功能的世界"

【分析】展示问题本质：分割杂糅问题

概念 — 分解＋解析

步骤 — 先拆散后整合

作用 — 颠覆看待问题的视角

方法 — 功能研究法

步骤1：将问题分解

整理
- 明确问题涉及的全部对象
- 将对象分门别类，并目细化
- 拆分至能处理的最小单位

分解
- 项目分解结构图
  - 事物
  - 事件
  - 工作分解结构图

"形式的世界" 里的整理
- 分解结构化
  - 工具

步骤2：重新定位解题思路

用功能形成思路，重新定位
- 形式 — 内容
- 功能 — 一体化
- 事物本质

底层逻辑
- 事物作用 — 事物本质
- 事物效用

前提
- 联系事物

构建功能的世界
- 展开讨论
- 提升觉察力
- 以功能为出发点
- 从关注功能入手

步骤4：整理聚焦功能

核心 — 聚焦关键性功能
- 目的＋手段
- 这是为了什么？
- 解锁问题本质

整理的逻辑 — 功能系统化的逐层解析

功能分析系统技术
- ①功能分析 — 主要功能
- ②功能整理 — 次要功能 — 系统化关系

步骤3：将功能转化为语言

回归 "形式的世界"
- 形式简单
- 语义明了

整理
- 用语言表达最根本的意图

分解
- 将思想传达他人
- 用文字记录形式
- 拓宽解决问题的思路
- 扩大创新的范围
- 定量名词：表达语义
- 定性名词：表达感性事物

描述
- 抽象的动词
- 明确的名词

制图 | 爱莉文化传媒

第 **3** 章

针线思维：链接碎片化问题

关键词：创构

灵感是一门科学

将碎片化的灵感串联起来

从零开始搜索

创造中的"创"字，其本来的意思是用刀切开后，在切口表面留下的伤痕，由此可以引申为事物的开端。而从字形上看，创造中的"造"字有告知并传达到某个地方的含义，引申为完成某件事情或制成某件物品的意思。

那么简单地说，创造并不是使用已有的物品来完成某件事情，而是从零开始完成一件事情（见图 3-1）。因此，创造一词中含有无中生有的意思。

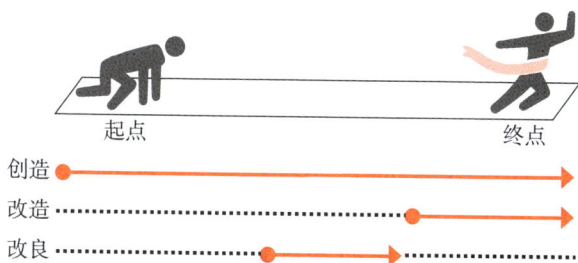

起点　　　　　　　　　　　　　　终点

创造

改造

改良

图 3-1　创造、改造和改良

但是，创造限于人为的范畴，即必须由人完成创造，而不可能从天而降——像"天上掉馅饼"这样的好事是几乎不可能发生的。如果一个人懒得思考，只在原地等待灵感的撞击，妄想不劳而获，那么什么灵感都不会出现，他也不会完满地解决问题。

因此，我们要想创造新的价值，就要有正确的理论和价值观的指引，还要认认真真地付出努力。也就是说，任何新事物的创造或有价值的成果的取得都离不开个人不懈的努力和辛勤付出，我们不应寄希望于其他不确定的因素或偶然现象。可以说，付出努力虽然不一定会取得相应的回报，但是不付出努力必定一事无成。

❮ 灵感是一门科学

从技术层面上看，我希望大家能够完全掌握创造这项技能，尤其是创造中的"创"这一部分，这是与"灵感"相关的部分。根据《说文解字》中的解释，"创"本作"刅"，是第一次掘井的意思，引申为在事业上的初次尝试。

也就是说，"创"指的是创新活动的契机、开端、萌芽、发端。无论哪个层面上的"创"，都是极其渺小、细微的，容易被人们忽略的，而且是在脑海中瞬间迸发出来、一闪而过的——这些就是所谓的灵感。

科学创造是贯穿于科学发现和发明过程中的创新活动，例如，设计新的实验、建立新的科学模型、提出新的概念和假说、研制新的产品等。从 19 世纪末开始，人们热衷于调查、统计科学家的创造活动，并注意到想象、直觉或灵感在科学创造活动中的重要作用。由于直觉和灵感不能通过逻辑推理获得，人们感到创造似乎只是无意识的、非理性的活动，但这种看法是片面的。科学创造是一个复杂的思维过程，新思想、新方案的突然出现，即直觉和灵感的到来，实际上是思维的飞跃。这种飞跃是一种既有思维的特殊性持续，它常以某种偶然的联想所提供的信息为催化剂。

灵感又称"灵感思维"，是指在文艺、科技等活动中瞬间产生的富有创造性的突发思维状态。灵感可以理解为"远隔知觉"（不借助感觉器官而能使精神互相联通）或在无意识中突然兴起的神妙能力，也常指作家因情绪、环境、事物等引起的创作激情。如何能够人为地创造条件促使灵感的闪现，并且在灵感闪现的同时成功地捕捉住它，不让它转瞬即逝呢？如果能做到这些，那么创造就会变得容易得多，这就是所谓的灵感科学。

虽然灵光一现只是一瞬间的事，但要是能够有意识地捕捉到那一瞬间所闪现出来的灵感，那么思维的光芒就会不断涌现，最终灵感就会变成激动人心的创意。

在面对问题的最初阶段，不可能一下子就在脑海中涌现出各种优质且成形的创意。我们必须从繁杂、琐碎的契机中寻觅，从发端中耐心培育，像裁缝一样穿针引线，将碎片化的想法串联并重组，循序渐进地孕育能真正解决问题的创新性思维。

❚ 创新三要素

为了能够成功地进行创新，必须具备三个要素。创新三要素是指创新的技术、环境和动机。

创新的技术是指我们已经具备的创造性技术能力，分为知识性技术和经验性技术两类。知识性技术是指我们所了解的案例及所掌握的技法等；经验性技术是指有关成功的经验和失败的教训等实践性经历和体验。

创新的环境是指为了能够充分发挥创造的技术，一个人所需要预先做好的必要性准备。创新的环境包括物理环境和心理环境这两个层面。物理环境是指在物质层面上容易进行创新的环境；心理环境是指在情感、精神方面容易进行创新的环境。

创新的动机包括外部动机和内部动机两个方面。外部动机是指与奖惩和待遇相关的外部因素，内部动机是指与个人价值和实现自我相关的内部因素。

如果同时具备以上三个要素，便可以构成灵感的科学即科学性创新。

下面，我将为大家讲解在解决问题的过程中如何同时具备创新的技术、环境和动机这三个要素。

☼ 本节导图

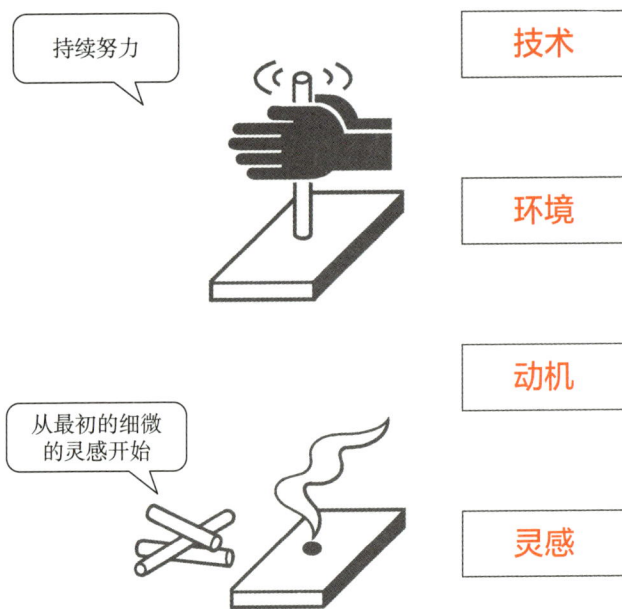

灵感的科学

不要在原地等待，而要掌握科学的方法

创新的条件 1：知识储备

将知识从左脑向右脑迁移

❚ 知识密集型技术激发灵感

知识性技术是指与知识密切相关的技术，也指基于计算机的能够协助人们生产、分享、应用、创新的现代信息技术。知识性技术并不是特指某一项技术，而是一个整合的技术体系。它是知识管理的推动器，为知识管理方案提供基础，实现自动的和中心化的知识共享，以及对创新过程的激励。对于完全没有知识储备的一部分人来说，在他们身上是不可能出现什么灵感的。

知识密集型技术是高度凝聚先进的现代化技术成果的技术。其特点是从事技术活动的人员具备丰富的科学、技术、管理方面的知识，甚至操作人员也要有很高的文化水平。另外，技术装备复杂、投资多、占用劳动力资源少、消耗低、环境污染小也是知识密集型技术的显著特点。

我们常常会对过去的知识和经验施加某种作用或进行某种操作，从而使之产生些许微妙的变化或激发新的火花。这种在思想的碰撞和头脑风暴中迸发的火花便是灵感。为了产生灵感，要把以往所储备的知识作为素材，并学会使用对这些知识施加作用的工具——二者尤为重要，缺一不可。这就像做一道菜一样，只有通过加工和处理食材，才能将食材本身的美味最大限度地释放出来。

一名专业的厨师本身就应该知晓诸多珍贵的食材，脑海中已经储存了大量与食材有关的知识。如果他再有意识地接触新的食材，并生成新的知识储备，那么他就会完成专业知识库的扩建。

同时，专业的厨师也有许多加工食材的工具。他们可以根据不同食材，做出不同口味的料理，灵活地选取合适的工具。正是因为他们拥有应对不同情况的工具，才能最大限度地激发食材的美味，做出美食。

从左脑向右脑迁移知识

处理问题的成功案例作为知识储备是至关重要的。我们不要局限于吸收与自己业务相关或者与眼前的问题相关的知识，其他行业、工种的相关知识同样发挥着重要的作用，对解决问题、开展工作会有很大帮助。

　　我在前文中曾提出创造就是从零开始来完成一件事情。那么读到这里或许有人会感到有些矛盾，因为我在此表明，作为创造素材的知识，在创造的过程中是不可或缺的。

　　为了创造，我们应该掌握足够的知识，因此，无论在数量上还是在质量上，我们都要注意用心积累、储备优质的知识。而且，我们不应该仅仅把知识当作一种信息储存在左脑中，而应该按照自己特有的思考方式充分地理解、消化所储存的知识，然后将其迁移至右脑中备用，也就是生成独有的创新思维和解决问题的方法。

　　要想做成一道菜，准备食材和加工处理同等重要（见图 3-2）。同理，我们在处理问题时，要通过自己的思维方式，将以往的

准备食材　　　　　加工处理　　　　　料理

知识、经验　　　　　思维　　　　　创意

图 3-2　必做的两项工作

知识和经验进行加工和处理，最终才能做成"美味佳肴"，提出有创意的意见。

五种创新思维

在很多富有创新价值的思维技巧中，头脑风暴法最广为人知。头脑风暴法是由美国 BBDO 广告公司的奥斯本提出的。该方法产生的场景是：价值工程工作小组人员在融洽和不受任何限制的氛围中开会讨论如何解决问题。他们打破常规，积极思考，畅所欲言，充分发表看法。头脑风暴法出自"头脑风暴"一词。"头脑风暴"最早是精神病理学用语，特指精神病患者精神错乱的状态，后来也泛指无限制的自由联想和讨论，其目的在于产生新观念或激发创新。

在群体决策中，由于群体成员之间的相互影响，个人易屈于权威或大多数人的意见形成所谓的群体思维。群体思维削弱了群体的批判精神和创造力，损害了决策的质量。为了保证群体决策的创造性，提高决策质量，人们提出了一系列改善群体决策的方法，头脑风暴法是较为典型的一个。

世界上无时无刻不在产生创意。不同的思维方法各有其特点，我们必须在充分理解这些方法的基础上，培养自己同时运用多种思维技巧的能力。

我们可以轻易在书中、网络上找到许多与思维方法相关的信息。但是"纸上得来终觉浅，绝知此事要躬行"，仅仅将思维方法作为知识牢记在心还是不够的，一定要将这些方法付诸实践。

对任何一种方法而言，并不是方法本身创造了想法，而是使用这个方法的人受到方法的启发，更容易产生一些创新的想法。

从思维方法和思维技巧的特点来看，我们可以把创新思维分为五种类型——经验型、分析型、类比型、印象型、偶发型。

经验型思维

- 通过各种经验获得灵感。
- 从有效的经验中获得灵感，使用经过验证的法则。
- 直接利用所获得的灵感，或将其加工后再利用。

分析型思维

- 通过分析结果获得灵感。

- 与其他对象和创意进行对比分析。

- 分类整理、加工后，合理利用分析结果。

类比型思维

- 通过相似性获得灵感。

- 着眼于相似性或同一性，联系不同对象。

- 得到预期结果并加以利用。

印象型思维

- 通过印象或感受获得灵感。

- 直接加工并利用想象、梦境、影音、图片等给人的感觉。

- 将加工结果抽象化。

偶发型思维

- 通过偶发性事件获得灵感。

- 打开思路，"胡思乱想"。

- 分析瞬间迸发的想法并加以利用。

○ **本节导图**

经验型思维	通过各种经验获得灵感	从有效的经验中获得灵感	检核表法
分析型思维	通过分析结果获得灵感	对其他对象和创意进行对比分析	分解分析法
类比型思维	通过相似性获得灵感	着眼于相似性或同一性，联系不同对象	实践法、等价交换法
印象型思维	通过印象或感受获得灵感	直接加工并利用想象、梦境、影音、图片等给人的感觉	想象思考法、睡眠思考法
偶发型思维	通过偶发性事件获得灵感	打开思路，"胡思乱想"	头脑风暴法、戈登法、提问法

五种创新思维

在充分理解方法的基础上加以利用

创新的条件 2：丰富的经验

有时也要"绕远路"去上班

经验性技术是指根据生产与生活中的实践经验而总结出来的技术，具体表现为手段、方法、技巧等。对刺激的反应性以及思考的灵活性两方面均表现出色的人有较高的经验性技术。经验性技术以经验为前提，没有相关经验，就没有相应技术，因此，经验性技术又被称为"后生技术"。如果我们将经验性技术与知识性技术相结合，并加以灵活运用，就可以得到大量灵感。

对外界刺激的反应性和思考的灵活性取决于既有经验的质量。因此，我们应该聚焦于如何逐步增加优质的经验，如何让头脑变得更加灵活，如何让思维的运转变得更快等关键问题。

◥ 扩大思考的外延

为了提高对外界刺激的反应速度，我们每天都要多想出一些点子，多进行一些思考，让自己的思维发散，让创意涌现出来。我们可以随心所欲地思考，遵循内心的想法，无边界地想象，让自己的思绪"轻舞飞扬"（见图 3-3）。

图 3-3 思考的随意性

无论事情是大还是小，只要是自己在意的事，就可以任凭思维牵引，深度思考，进而养成创造想法、生产创意的习惯。我们可以时常自问，尝试提出以下问题。

- 如果让我处理，我会怎么办？
- 如果这件事发生在我身上，我会怎么想？
- 是否还可以用另一种方法解决问题？

这是一种"自我交互式对话"，为了养成这种习惯，我们可以把想到的东西随时记录下来，使用社交软件记录也是一种不错的选择。我们可以拍摄照片，任凭自己的想象编辑内容并上传发表。得到朋友圈的"点赞"也许可以成为一种动力，帮助我们养成锤炼思维的习惯。

❚ 同伴与"古怪"的创意

为了提高思维的灵活性，我们可以和团队成员进行发散思维的比赛，以此增加思维训练的灵活性和趣味性，增加与仅靠个人不可能构思出来的奇思妙想接触的机会。

与团队成员一起思考，让思维发散，积极接触在思考过程中出现的"古怪"的创意和点子，让大脑经历这样的锤炼，对于提高解决问题的灵活性是极其重要的。

❚ 中途耽搁和绕远路

总而言之，我们每天都会接触许多新鲜事物，这些事物就是诸多刺激的源泉。我们并不一定要采取和平时一样的措施解决问题，有时也可以积极尝试不一样的措施。

我将这些尝试不一样的措施称为"绕远路"。例如，去公司上班时不要总是走同一条路，要敢于换一条路，在中途耽搁也不一定是一件坏事。这样一来，你或许就会在途中遇到新鲜的事物，产生与以往不同的体验。你要积极地接受新鲜事物的刺激，保持旺盛的好奇心和浓厚的兴趣，大胆探索。

○ **本节导图**

哦？原来还有这种店啊！

店

第一次绕远路回家

走老路，径直往家走

最近怎么样？

熟人

柯南，好久不见啊！

好可爱啊！第一次看到这种狗呢！

汪汪！

几乎没有什么新发现和新体验

有许多新发现和新体验

发现了螳螂！

家

通过绕远路积累经验

好奇心旺盛

创新的条件 3：激发灵感的环境

"干劲荷尔蒙"和"觉醒荷尔蒙"

在日常工作中，我们要创造能够激发想象力、更加容易闪现灵感的环境，这种环境包括物理环境和心理环境两个层面（见图 3-4）。

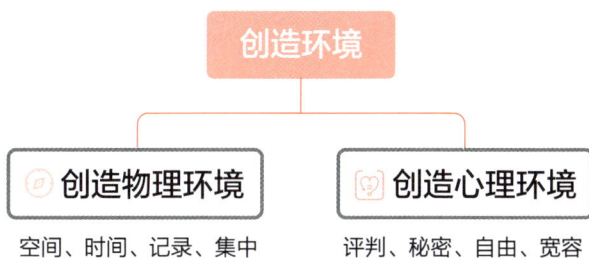

图 3-4 创造适合思考的环境

＼ 创造适合思考的物理环境

在此所说的物理环境是指适合思考的场所。以下四种物理环境尤为重要。

1. 相互隔离的独立空间

最为理想的环境是像会议室一样与周围隔开的独立空间。不仅是视觉上的分隔，在听觉上、嗅觉上也要分隔开来。如果隔壁十分吵闹，或者从隔壁飘过来食物的香味，我们就无法集中精力思考和想象。在条件允许的情况下，我们可以在宽敞的会议室里多装几扇窗户，那么心情会变得愉快，思路也会变得开阔。

2. 相对集中的整块时间

尽量不要断断续续地思考，而应该集中注意力，一鼓作气。这样才能摆脱思维定式，进入一种可以专注于思考的情境。因为我们大脑中的"干劲荷尔蒙"发挥效果需要一定时间的积淀，而只要"干劲荷尔蒙"被成功分泌出来，它的效果就能够淋漓尽致地发挥出来，并且可以较长久地持续下去。

3. 能够进行记录的环境

灵感难以捉摸，转瞬即逝。如果不及时记录，灵感就很容易一闪而过，消失得无影无踪。因此，我们必须养成随时随地记录灵感的工作习惯，从而确保能够把所有的想法、整体的思路一个不落地记录下来。有一点值得注意，我们不要把这些灵感以视频或音频的方式记录下来，而应该尽量用纸和笔记录。我认为传统的记录方式能让人留下更加深刻的印象，而且能够非常便捷地完成，并且容易持久地保存和进行快速的信息传递。请务必确保无论在什么时候，无论什么人都能够看懂你记录下来的想法和思路。如果条件允许，尽可能使用尺寸大一点的纸，当然，也可以使用白板或投影仪等工具代替纸笔完成记录工作。

4. 不容易被打扰的环境

如果有人进入会议室或者突然电话响了起来，我们的思绪就会被打断，好不容易集中起来的注意力也会被分散。因此，在开会讨论时，有必要在会议室的门上贴上"请勿打扰"的提示牌，同时提醒大家关闭手机电源或者将手机调到振动模式。如果有条件，最好选择在远离上班场所的环境下思考问题。因为人一旦在思考的过程中被打扰，身体里的"觉醒荷尔蒙"就会释放出来，注意力就会分散，最终将影响思考的连续性和持久性，甚至导致灵感的消失。

◎ **"干劲荷尔蒙"与"觉醒荷尔蒙"**

• 让人集中注意力的"干劲荷尔蒙"

多巴胺：一种使人兴奋的物质，让人变得有干劲。

内心的声音："好嘞！""啊哈！"

血清素：一种使人陶醉的物质，让人心绪稳定、内心感到满足，认真工作。

内心的声音："身心愉悦！""舒服！"

● 让人分散注意力的"觉醒荷尔蒙"

去甲肾上腺素：一种使人觉醒的物质，让人的心情突然发生改变、分散注意力。

内心的声音："不好！""什么？"

❭ 创造易于思考的心理环境

心理环境是与思考者的精神相关的环境。以下四种心理环境尤为重要。

1. 不被他人评判的心理环境

不被他人评判的心理环境是指不会被一起思考的同伴或上级评判的环境。如果在思考时被人说三道四，我们就很容易产生一种"有可能被否定""有可能被嘲笑"的恐惧心理，就会开始观察同伴的脸色或判断对方的语气。如此一来，心理上就会受到制约，也就无法创造性地思考问题。因此，我们在思考问题的时候，应该把他人的评论置之脑后，不要过于在意。

诸多因素会影响灵感的出现（如他人的评价、他人的监视、外界的声音、工作的压力等）。我们必须创造能够屏蔽他人评判、制约和干扰的有利于灵感闪现的心理环境（见图 3-5）。

图 3-5　有助于灵感闪现的心理环境

2. 可以被包容的心理环境

可以被包容的心理环境是指我们即使提出"有点儿胡来"或"半开玩笑"的想法，也可以被接纳和容忍的环境。也就是说，我们要从公司的规定、社会的常识等限制中解放出来，有时候，甚至可以摆脱规矩和人情的束缚。我们要明确现在所做的一切都是为了提出更好的方案而进行的尝试和训练，因此所有的想法都应该被包容。

3. 不会被暴露的心理环境

需要注意的是，在记录想法的时候不必记录想法的出处，也就是不要署名。我们可以以特定的团队或组织为主体提出想法或创意，这样就能够保护创意的提出者免受舆论的攻击，为其创造稳定、安全的心理环境，让其畅所欲言、无后顾之忧。虽然一开始，有的想法可能仅仅是一种牢骚或对现状的抱怨，但是只要能坚持记录，那么在不久的将来，这些抱怨和牢骚就会变成富有创造性的提案。

4. 不会有人生气的环境

不会有人生气的环境是指发言人可以直抒胸臆，毫无顾虑地表达心中所思所想而不用担心招惹他人生气的环境。因为即使一个人有好的想法，如果没有大胆说出来，就不能把内心最真实的想法传达给别人。我们可以事先声明这个想法是"对事不对人"的，是在"言行豁免"的特定环境下提出来的。这样就会形成一个没有长幼尊卑之别，不用顾忌失礼或顶撞冒犯，可以畅所欲言，自带"特赦令牌"的良性互动氛围。一旦具备了这种可以尽情地表达自己见解和想法的环境，人们就会感到轻松和从容，也会迫不及待地踊跃发言。

创新的条件 4：激发灵感的动机

从价值出发解决问题

▶ 撬动创造动机的杠杆：功效 ÷ 成本

下面，我将为大家详细说明创造动机的方法。概括而言，就是要着重突出问题的改进之处。如果我们知道问题点出现在哪里，就能够把解决问题的"火力"聚焦在这一点上。

当动机浮现的时候，我们关注的是"价值"。价值是一个经济学领域的概念，包含了很多层意思，难以用一句话概括，在此我们暂且将其设定为经济价值。

在经济学中，关于价值有两种考量。一是衡量解决问题所花费的资源量。这是以消耗的投资和劳动为基础，并将其数据化后所体现的内容，也就是所谓的成本。

二是衡量价值带来的功效的大小，也就是将让渡物品的所有权和使用权后所得的期待值数据化。

我们可以用成本和功效计算价值，这就是价值的基本公式，这个公式非常简单，很容易理解。我们将价值用 V（Value）来表示，功效用 F（Function）来表示，成本用 C（Cost）来表示，那么价值的基本公式为：

$$V=F\div C$$

也就是说，价值表示物品和事物的有用程度，价值的大小是根据花费资源后所获得的功效比率衡量的。

◎ **价值的基本公式**

$$V = \frac{F}{C} \quad \begin{array}{l} \leftarrow 通过得到价值而得到的功效 \\ \leftarrow 为了得到价值而花费的资源 \end{array}$$

◎ **价值上升的五种情况**

$$V\nearrow = \frac{F\searrow}{C\downarrow} \ 或 \ \frac{F\rightarrow}{C\searrow} \ 或 \ \frac{F\nearrow}{C\searrow} \ 或 \ \frac{F\nearrow}{C\rightarrow} \ 或 \ \frac{F\uparrow}{C\nearrow}$$

◣ 评估关键性功能的价值

正如前文所述，我们不应该从物品或者事件的形式考量问题的改善之处，而应该从其关键性功能入手思考问题的解决方案，这样才能真正显示该方案的合理性。因此，我们必须对每个关键性功能的价值进行评估，并对其消耗资源的多少和功效的大小进行测定。

通过绘制所得功效和消耗资源的关系图，我们便可以揭示需要改善的关键性功能。例如，在前文的案例中，工作人员可以先评估增加品牌与顾客接触点的投资额和提高购买欲的投资额，然后同时对这两个方面所得到的功效进行评估。

显而易见，目前来看，提高购买欲的价值很高，而增加品牌与顾客接触点的价值很低。也就是说，调整商品陈列方式这一问题的改善之处在于需要进一步增加品牌与顾客的接触点。如果我们把精力集中于创新增加品牌与顾客的接触点的方法上，就可以彻底解决表现在商品陈列方面的问题。

创新思维的四个阶段

让记忆倾泻下来，创意就会涌现

▟ 创造不具有操作性

在进行创造的时候，我们首先应该注意创造性思考和操作性思考是完全不同的——创造是不具有操作性的。

创造和日常商务活动是完全不同的。商务活动中常见的方式是：先预设结果，然后按照编制的脚本或规定的流程进行操作。然而，这种有预设的活动并不能称为"创造性活动"。

即使是经过双方讨论而达成的协议，在讨论的过程中也很少有激动人心的时刻，更难有灵光闪现的亮点。这就和灵感的科学相去甚远了。

▟ 操作性思考是对具有确定性结果的追求

那么，什么是操作性行为？所谓操作性行为是指当我们确定好实施方案之后，只要按照预先设定的步骤或流程付诸实践即可的行为。这件事无论让谁来完成，所得到的结果都是相同的，也就是说，这种行为活动有既定的结果，无论怎样操作都可达到同样的效果。这种为追求既定结果而进行的思考便是操作性思考。

限制理论（Theory of Constraints，简称为 TOC）、"六西格玛"理论（Six Sigma）等管理理论是对模仿性、确定性、再现性的追求，即为了获得稳定的预期内的成果所创建的管理理论。

限制理论是由以色列学者伊利雅胡·高德拉特提出的一种全方位的管理哲学，主张在一个复杂的系统中隐含着简单化。在任何情况下，一个复杂的系统可能都是由成千上万的人和一系列设备组成的，但是只有一个或非常少的变数，它会限制（或阻碍）此系统达到更高的目标。

"六西格玛"理论是商业管理理论之一，常被用于流程的改善。此理论最初由摩托罗拉公司的比尔·史密斯创立，后来被通用电气公司所推广。"六西格玛"理论是通用电气公司的核心管理思想，今天仍被广泛应用于很多领域。

简单地说，"六西格玛"理论是一种品质改善策略，即一个组织制定管理策略的目的在于能利用各种统计与管理方法，有效地辨识与移除流程中潜在的错误与瑕疵，并将产品制造与管理流程的突变可能性降至最低，从而追求稳定的产品品质。

曾经有人想用这种理论进行构思或发展创意性思维，以这种可操作性的方式决定"在什么时间，提出什么样的想法"。人们收集以往的成功案例，总结自己知晓的信息和经验，通过整理和清除无用的信息，把剩下的信息变成必然的方案——这就是用操作性方式进行创新的过程（见图 3-6）。可遗憾的是，实践证明，具有独创性的想法是不会通过操作性的方式涌现出来的。

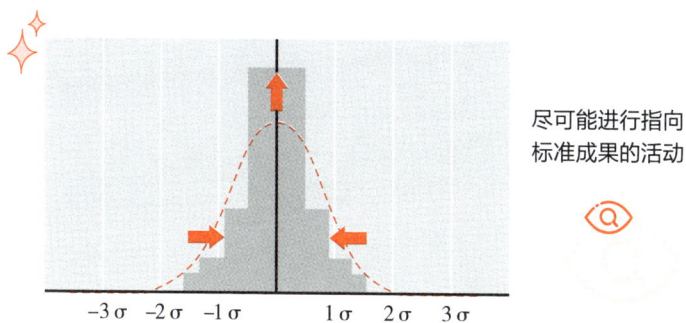

尽可能进行指向标准成果的活动

-3σ -2σ -1σ 1σ 2σ 3σ

图 3-6　操作性活动

创造性思考是对特异性的追求

什么是创造性活动？每个人的做法是相对自由的，根据不一样的活动内容，以及不同的操作，会得到不同的成果。这便是具有创造性的活动。

创造性活动不是指向平均值、中间值的收敛性活动，而是指向边缘和边界的，具有发散性特点的活动（见图 3-7）。

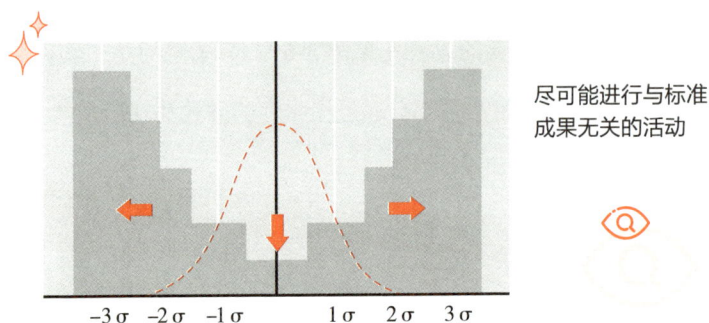

尽可能进行与标准成果无关的活动

图 3-7 创造性活动

创新的四个阶段

当思考具有操作性时，灵感是不会出现的。因此，我们应该尽快让思考摆脱操作性，使其变得富有创造性。为了实现这一点，我们需要运用专业的方法和技巧将操作性思考转变为创造性思考。

　　具体而言，我们要尽可能地把脑海中出现过的点子都提取出来。这时，如果继续保持思考的状态，大脑便会重启，开始新一轮的整理。一旦大脑完成了提取点子的工作，它就将进入妄想的阶段。如果你始终坚持进行类似的思维训练，你就能开启创造性的思考模式。当你乐于不断获取新的点子，不断提出新的想法时，灵感就会来"敲门"。因此，不要轻言放弃，切勿错失与灵感亲密接触的机会。

✿ 本节导图

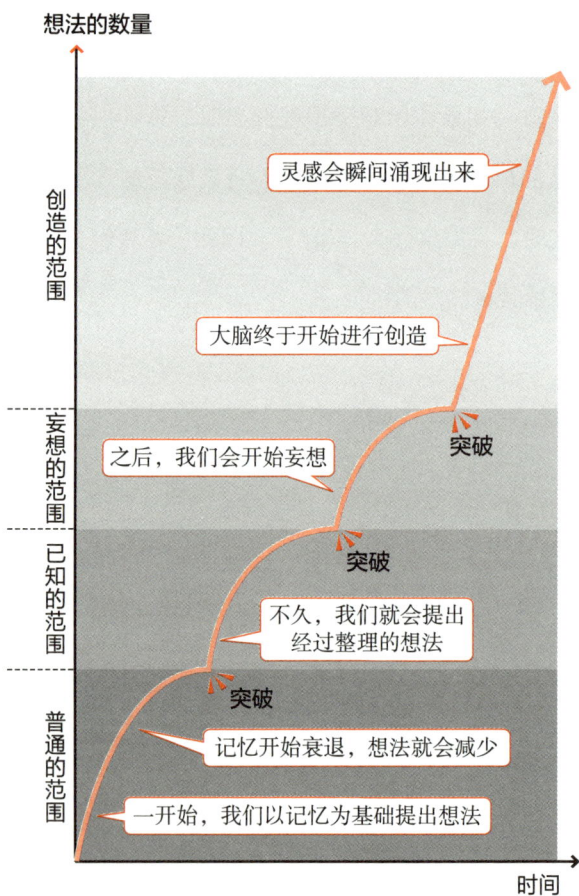

倾泻记忆，增加想法的数量

让记忆倾泻下来，就会变得具有创造性

给大脑良性刺激

打一场"脑内台球"

╲ 给予大脑良性刺激

大脑具备对刺激产生反应的功能，如果施以某种刺激，大脑就一定会产生某种反应。大脑由刺激引起的反应会产生新的刺激，从而产生新的反应。大脑会根据这个连锁反应进行思考或指导个体行动。

换言之，构思的诀窍便是提出给予大脑刺激的方法以及产生反应的方法。

╲ 增加作为诱因的刺激

刺激是外在的因素，又可以被称为"诱因"。当然，如果没有刺激，大脑就不会产生反应。可是即便受到了刺激，大脑也不一定会产生良性的反应。构思的诀窍是用大量良性刺激促使诱因形成，通过刺激视觉、听觉、嗅觉、味觉、触觉五种感觉器官，使大脑对刺激做出多元化、全方位的感知和反应。

＼ 提升作为动机因素的反应

反应是内在的因素，又可以被称为"动机因素"。在实际工作中，即使作为外在因素的诱因增加了，对于反应迟钝的大脑来说，灵感也不会增加。就算有某种相应的反应，也不一定会闪现出优质的灵感，更不用说持续出现优质的灵感了。

构思的本质就是经由各种不同的小的诱因引发反应的过程。能提高反应能力的结构化方法是构思的重要技法。如果你理解待解决的问题并能充分利用构思的技法，你就会发现这些方法十分有效。

＼ "脑内台球"的思考方式

我们可以将构思的过程比喻成"打一场脑内台球"——假设打台球的那张台球桌就在自己的大脑中，桌上的无数台球就是过去的知识和经验，台球杆就是外界的刺激。打球的人持杆发力，桌上的台球被击打后会朝着施力的方向滚动。

技艺高超的人不会让球偏离方向，而会让它按照预想的路线碰到其他台球，有时也会利用缓冲垫改变它的行进速度和方向。最后，某个台球进入了台球桌边缘的网袋里——成熟的想法便孕育而生了。

○ 本节导图

想法的出口

反应

已有知识和经验

外界刺激

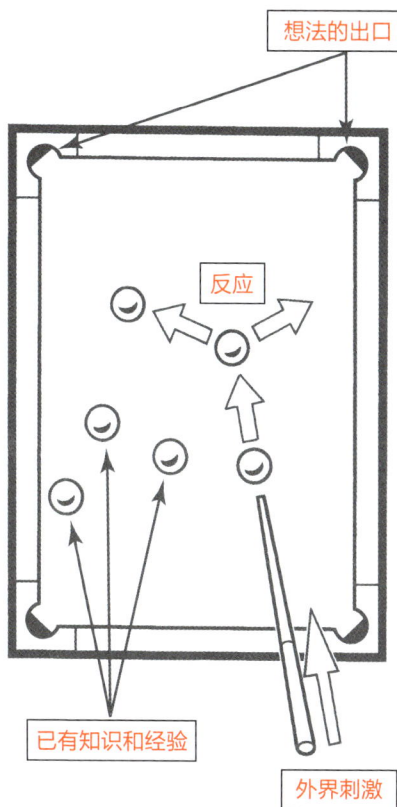

构思时的"脑内台球"

加强与思维能力相关的刺激

拆解头脑风暴法

量产"荒诞"想法

❦ 不要判断，要思考

构思的本质是进行头脑风暴。头脑风暴法并不是一个陌生的概念，但是很多人并不知道该如何有效地使用这个方法。

这一理念是由奥斯本提出的，随后在全世界范围内广为流传。他个人更注重"把判断抛到脑后"和"追求数量"这两项基本原则。

❦ 大脑是个批发站

为了得到优质的想法，我们不应该拘泥于质量，而应该在数量上取胜，尽可能地多提想法。这就是"数量产生质量"这一观点的内涵。

在批量生产想法的过程中，我们要遵循无条件默许的基本原则，即为了提出足够多的想法，无论是毫无根据的猜想，还是毫无条理的胡思乱想，即使是开玩笑的或难以理解的提案，我们都要试着接受。

这种思维方式正是头脑风暴的显著特征。头脑风暴原本是指精神病患者的精神错乱状态。用头脑风暴来形容上述思维方式是极为形象的，这也是我们用它来命名的原因。

◥ 四个思考规则

奥斯本制定了以下四个思考规则：

- 追求数量；
- 严禁评判；
- 自由奔放；
- 与改善想法相结合。

这些规则都是围绕"数量产生质量"的观点制定的，其最终目的是提高思维的质量。我们按照这四个规则思考问题，偶然会闪现优质的想法，而这些想法就是灵感。

◥ 空手打台球与持杆打台球

如何实践这个促使优质想法产生的方法呢？其实并不难，

我们只要遵循规则思考就可以了。如果硬要说有什么必备工具的话，我想大概就只有用来记录想法的纸和笔了。

在此过程中还会产生很多低质量的想法，所以我们要花费很多时间才能最终得到优质想法。在"打脑内台球"的过程中，如果不断地用手击打台球，台球最终也会掉到网袋里（和用台球杆击打台球一样）。因此，只要思考就可以，不必在意外界刺激的来源。

☼ 本节导图

顺序 1. 决定思考对象。

2. 向成员说明规则。

　・追求数量（数量优先于质量）

　・严禁评判（不评判别人提出的点子）

　・自由奔放（欢迎"胡思乱想"）

　・与想法的改善相结合（与其他想法结合起来）

3. 开始思考。

4. 将想法全部记录下来。

5. 如果达到了足够多的数量，就结束思考。

6. 对得出的结果进行判断。

版面

思考对象								
No.	想法	判断	No.	想法	判断	No.	想法	判断

进行头脑风暴

在头脑风暴过程中，不要进行评判

拆解检核表法

列一张灵感清单

＼ 网罗灵感

检核表法是一种经验型的构思方法。头脑风暴法具有偶然性，而检核表法是一种充分利用个人经验产生优质创意的方法，具体内容如下。

首先，将过去产生的灵感在表格中罗列出来。其次，将表格中罗列出来的事项作为想法的诱因，依次进行尝试。这和打台球一样，可以预见，如果我们依照规定的方向，按顺序排列台球，然后用手依次触碰台球，台球最终会掉入网袋里。

使用检核表法能够进行网罗式的思考，所以能防止想法的遗漏。此外，检核表法有强制性思考的特点，因此可以起到缩小思考范围的作用。我们在用这种方法解决问题时通常会有以下思考。

如果互换一下会怎么样？

- 如果按照其他顺序推进会怎么样？

- 将原因和结果互换一下会怎么样？

如果反对会怎么样？

- 如果颠倒角色会怎么样？

- 如果改变立场会怎么样？

如果结合一下会怎么样？

- 如果与目的结合会怎么样？

- 如果与想法结合会怎么样？

随着经验值的增加，灵感列表的内容会变得越来越充实。当然，如果列表内容过多，容易导致惰性，从而影响大脑的反应速度。

根据对象的不同，每个人都会制定不同的表格，这是非常理想化的情况，实际上大部分人使用的都是类似的表格。

◣ 简单好用的奥斯本检核表法

奥斯本在提出头脑风暴法之后又提出了检核表法。他制作的表格十分简单，又具有普遍性和通用性，因此，直到今天仍然有许多人在使用。

我们可以通过奥斯本检核表法将创新性构思拆解为几个基本问题（见图 3-8），每个问题内部都有更加具体的小问题。

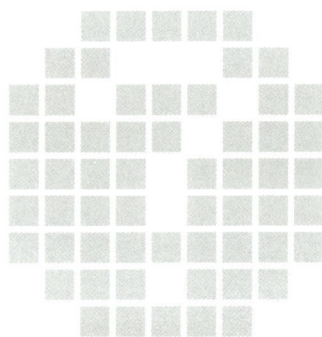

如果利用其他东西会怎么样？

有没有别的用处？

缩小一点会怎么样？

分割后会怎么样？
如果放弃会怎么样？

借用一些别的想法会怎么样？

有没有类似的东西？
有没有类似的想法？

改变一下会怎么样？

改变形式会怎么样？
改变意思会怎么样？

增大一点会怎么样？

再加些元素会怎么样？
再多做几次会怎么样？

代替一下会怎么样？

用其他材料做会怎么样？
换其他人做会怎么样？

图 3-8 奥斯本检核表法

❯ 奔驰法：奥斯本检核表法的改良版

心理学家罗伯特·艾伯尔（Robert Eberle）改进了奥斯本的检核表法，将基本问题压缩为七个，分别取问题的首字母组成一个新的词汇——SCAMPER，也就是我们常说的奔驰法。

与解决问题相关的七个问题如下所示：

- 是否有替代品；
- 能否进行组合；
- 是否可以应用；
- 是否可以修正；
- 是否有其他用处；
- 是否可以削减（或消除）；
- 是否可以反过来（或重新部署）。

❯ 40 个发明原理

TRIZ 理论是阿奇舒勒提出的"发明问题解决理论"，阿奇舒勒对 250 万件世界发明专利的内容进行分析后提出了这一理论。人们在解决实际问题时常常使用这一理论中的"40 个发明原理"（见图 3-9）。

- ☐ 分割
- ☐ 抽取
- ☐ 局部质量
- ☐ 不对称
- ☐ 合并
- ☐ 普遍性
- ☐ 嵌套
- ☐ 配重
- ☐ 预先反作用
- ☐ 预先作用
- ☐ 预先应急措施
- ☐ 等势
- ☐ 逆向思维
- ☐ 曲面化
- ☐ 动态
- ☐ 不足或超额行动
- ☐ 一维变多维
- ☐ 机械振动
- ☐ 周期作用
- ☐ 连续有益作用

- ☐ 紧急行动
- ☐ 变害为利
- ☐ 反馈
- ☐ 中介
- ☐ 自我服务
- ☐ 复制
- ☐ 一次性用品
- ☐ 机械系统的替代
- ☐ 气体与液压结构
- ☐ 柔性外壳或薄膜
- ☐ 利用多孔材料原理
- ☐ 改变颜色
- ☐ 同质
- ☐ 抛弃与再生
- ☐ 改变物体聚合态
- ☐ 相变
- ☐ 利用热膨胀
- ☐ 加速氧化
- ☐ 惰性环境
- ☐ 复合材料

图 3-9　40 个发明原理

✿ 本节导图

是否有替代品 Substitute	√ 不能用其他材料和资源来代替吗？ √ 有没有其他可以利用的东西？ √ 可以用别的步骤代替吗？ √ 这可以代替其他事物吗？ √ 不能改变我们的看法吗？
能否进行组合 Combine	√ 不能和其他东西组合吗？ √ 不能和目的或目标联系在一起吗？ √ 可以利用什么？ √ 把素质和资源结合起来可以得到什么？
是否可以应用 Adapt	√ 不能配合其他目的和使用方法吗？ √ 这和什么东西类似？ √ 这还可以和什么东西类似？ √ 不能置身于某种不同的情境中吗？ √ 有没有什么东西和想法能给你带来启发？
是否可以修正 Modify	√ 能改变形状或外观吗？ √ 可以加些什么吗？ √ 有什么可以突出的地方吗？
是否有其他用处 Put to other Uses	√ 在别的地方可以用得上吗？ √ 还有其他使用者吗？ √ 在其他情况下会有怎样的行为呢？
是否可以削减 （或消除） Eliminate	√ 能把什么简化、合理化吗？ √ 没有可以削减的程序吗？ √ 不能降低或减少什么吗？ √ 能不能再小一点？ √ 去除一部分会怎么样？
是否可以反过来 （或重新部署） Reverse	√ 不能逆转过程和结果吗？ √ 如果做法完全相反，结果会怎么样呢？ √ 不能更换构成要素吗？ √ 不能调换顺序吗？ √ 如果我们将其重组会怎么样？

SCAMPER 检核表法

拆解类比思考法

进行跳跃式的联想

类比思考法是由戈登提出的，这个方法的特征是从构造相似或形象相似的事物中得到启发。

＼ "异质驯化" 和 "驯质异化"

在日语中，人们对奇特的事物感兴趣，然后从陌生逐渐变得熟悉的过程叫作"异质驯化"；人们对熟悉的事物产生新的兴趣的过程叫作"驯质异化"。

同样，我们在进行构思时，可以将乍一看没什么关联性的现象当作有关联性的现象看待。

戈登在对类比进行设定时，强调了"异质驯化"和"驯质异化"的重要性。由此，他进一步提出了直接类比、自身类比、象征类比、幻想类比这四种类比方法（见图 3-10）。

[ ] 直接类比法
把已经存在的类似的东西
作为诱因

[ ] 象征类比法
客观地描述对象，以象征物作
为诱因

[ ] 自身类比法
将思考者完全看作对象本身，
并以此作为诱因

[ ] 幻想类比法
以不现实的"胡思乱想"作为
诱因

图 3-10　四种类比方法

＼ 更易于操作的 NM 法

NM 法是中山正和提出的。其特点是设定了类比之后的工作及工作的顺序，因此更加容易使用。这种构思法由三个步骤组成。

在第一个步骤中，要设定类比。具体而言，是指设定直接性的类比法或象征性的类比法。

在第二个步骤中，要探索背景，即对类比的背景进行探索。结构和机制是怎样组成的，构成和流程是怎样形成的，和周边有什么关联等都可以通过这个步骤探索。

在第三个步骤中，要构思概念，即把背景作为诱因，重新构思新的想法。

总之，无论是类比法，还是 NM 法，都不是构思活动的真正开端，而是暂时进入类比的世界，从类比的世界里得到一些启示。

❮ 用 NM 法处理"增加品牌与顾客的接触点"案例

我们再次回顾"增加品牌与顾客的接触点"的案例，试着用 NM 法构思商品陈列的方法。如果想构思出一个"增加品牌与顾客的接触点"的办法，那么我们就要在一个毫无关联的世界里设定类比。在这个案例中，"增加"与"增加水库蓄水量"相关联；"接触点"与让人联想到起点、终点的"汽车导航"相关联。

在拆解这些因素的过程中，一种名为"手推车导航"的新的灵感便产生了。对顾客来说可以集中精力进行购物，对店方来说可以增加品牌与顾客的接触点。

✿ 本节导图

构思步骤	增加品牌与顾客的接触点 👤	
第1步	汽车导航	增加水库蓄水量
第2步	· 表示前进方向 · 提出最佳路线 · 考虑拥挤程度 · 可以让人从容驾驶	· 流入大自然 · 出口变狭窄 · 大量储蓄 · 可以看清湖面
第3步	提出手推车可以对购买顺序进行引导	
想法	**手推车导航** 	

用 NM 法进行构思的商品陈列法

拆解清单③

对象的关键性功能				
提高渠道传播效率				

头脑风暴法、NM法等

想法	使用谷歌地图				
	扩大地图	✓			
	使用几张地图				
	绘制3D地图	✓			
	把记号加到地图上				
	附带记号的照片	✓			
	采用街景风格	✓			
	采用从不同视角拍摄的照片				
	增加导航功能				
	表示方向和距离				
	……				
	选择经过筛选后的想法				

———— 拆解指南③创构 针线思维：链接碎片化问题 ————

灵感的科学

贯穿科学发现和发明的过程

- ❶ 事物的开端
- ❷ 完成某件事或制成某件物品

创造
- "创"
- "造"

创新三要素

科学性创造

"无中生有"
- 灵感思维
- 远隔知觉
- 灵感

同时具备并活用

- 创造条件促使灵感闪现
- 灵感闪现的同时才将其成功捕获

按自己持有的思考方式理解和消化

手段 方法 技巧 ……
- 扩大思考的外延
- 同伴与"古怪"的创意
- 中途欧掘和铺垫远路

经验性技术

加工

要素1：创新的技术

知识性技术
- 处理问题的成功案例
- 各行业相关知识
- 各领域相关知识

加工

要素2：创新的环境

物理环境
- 空间
- 时间
- 记录

心理环境
- 评判
- 秘密
- 自由
- 集中
- 宽容

创新思维：经验型、分析型、类比型、印象型、偶发型

创新的动机

着眼突出问题的改进之处

要素3：创新的动机
- 增加作为诱因的刺激
- 提升作为动机因素的反应

- 公式
- 工具

构思

操作性思考→创造性思考

创新四阶段
- ①普通阶段
- ②已知阶段
- ③妄想阶段
- ④创造阶段

①拆解头脑风暴法

②拆解检验表法
- 检核表法
- 奔驰法
- 40个发明原理

③拆解类比思考法

脑内合球
- NM法

制图 | 亞諾文化情報

第 **4** 章

锤子思维："实锤"疏忽问题

关键词：锤炼

把"荞麦面团"揉搓365次

循环锤炼你的方案

❱ 去除方案的缺陷

经构思得到的解决方案必然以适宜的形式回到实践中去，经过再次耐心的审视和推敲，才能最终得以确定。这个过程就是我们所说的"锤炼"。

日语中有一个词可以准确表达锤炼的意思——"洗练"。"洗练"一词中的"洗"字意味着找出潜藏于事物或问题表面下的多余之处并将其根除。"练"则意味着千锤百炼，只有不厌其烦地集中精力、刻意练习，才能选择出最优解决方案。我们要锤炼构想与创意、不断打磨创意的雏形，从而最终得到创意的内核。

新的构思以及脑海中刚刚浮现出来的创意其实仍然处于有瑕疵的状态，若无视这一点，就难以明晰解决问题的路径。因此，只有坚持不懈地进行"锤炼"这项作业，才能打磨出臻于完善的解决方案。

＼ 揉搓构想的"荞麦面团"

据说荞麦面团要经过 365 次揉搓才能呈现出最佳的味道，这个说法是我在一家荞麦面馆吃饭时听到的。

那家荞麦面馆里的荞麦面很精纯，由这样精纯的荞麦面粉制成的荞麦面散发出特别的香味，韧劲十足，吃起来颇有嚼劲。

为什么这种荞麦面如此有嚼劲呢？我很好奇，于是向店长打听。店长跟我讲述了这家荞麦面馆的历史和荞麦面如此美味的原因，原来这种荞麦面团在制作过程中经历了大约 365 次的揉搓。手工揉搓的时间越长，越有利于形成面筋网络，提高面团的黏性，这就为荞麦面的良好口感提供了条件和保障。

一般来说，揉搓荞麦面团不过是 30 次至 100 次而已，然而这家荞麦面馆竟然规定将荞麦面团揉搓 365 次，远远超过通常需要的次数。而且，听说为了不让荞麦面团的质地过于干燥，厨师往往有意识地闭门不出，把自己关在房间里进行这种锤炼工作。

制作荞麦面尚且如此，我们对于"新鲜出炉"的构想和创意也应当如此锤炼。只有扎扎实实地对构想和创意进行反复锤炼，才能使其具有十足的"韧劲"，经得住推敲和考验。经过这样的锤炼之后，我们只需要对其进行简单的分类与总结就可以得到较为完美的解决方案。

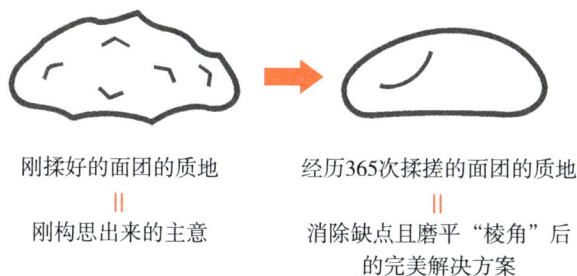

刚揉好的面团的质地
‖
刚构思出来的主意

经历365次揉搓的面团的质地
‖
消除缺点且磨平"棱角"后
的完美解决方案

图 4-1　历经锤炼的好创意

如图 4-1 所示，我们可以将反复锤炼创意比作揉搓荞麦面团的过程。刚刚构思出来的创意总是漏洞百出，然而经过反复推敲与锤炼之后，缺点就会减少，"棱角"也会被磨平，最终将成为完美的解决方案。这就像揉荞麦面团一样，刚捏成团的质地松软的面团要经过 365 次的揉搓才能变得富有弹性、韧劲十足。

﹨ 打磨：练就"刚性"思维

"百炼成钢"说的是铁经过反复锤炼才能成为强韧的钢，比喻人唯有经过长期艰苦卓绝的锻炼才能变得坚强和刚毅。

铁要经过不断的锤炼才能将有害气体与不纯物质去除，正是因为有了这样的过程，才能炼成强韧的钢。构想和创意也是如此，必须经过反复打磨和推敲，才能删除其中的有害成分和不利因素。最终，我们将获得像钢一样有韧性的思维，并将初步构想打磨成高效的解决方案。

＼ 提纯：解决方案的循环锤炼

为了创造出优质而完善的解决之策，"锤炼"这一项作业必不可少。

我们需要通过反复推敲、打磨，从刚刚构思出来的构想或方案中找出缺点并将其克服，去除其中的有害成分或不利因素。就像通过锤炼剔除铁中的有害元素和不纯物质一样，如果要使构想脱离混沌不清、杂乱无章的状态，就要反复推敲、打磨，逐个排查缺点疏漏，进行剔除工作。在处理问题的过程中，我们要形成锤炼工序的良性循环，最终才能得到一个"熠熠生辉"的解决方案。

这项作业其实并没有想象得那么简单。反复进行的锤炼作业会形成一个完备的、周而复始的"锤炼循环"。正是这种谋求精雕细琢的循环锤炼过程使我们拨云见日，逐步疏通解决问题的路径。只有经过循环往复的锤炼，才能使解决方案更加高效、精练和经得起推敲，最终得到大家的高度评价和认可。

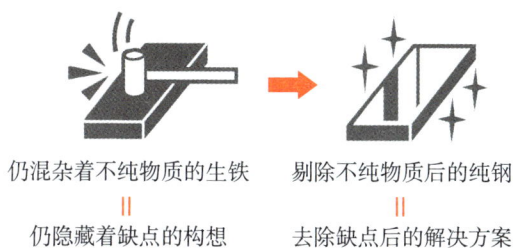

仍混杂着不纯物质的生铁　　　剔除不纯物质后的纯钢
‖　　　　　　　　　　‖
仍隐藏着缺点的构想　　　去除缺点后的解决方案

图 4-2　锤炼解决方案

如图 4-2 所示，含有杂质的生铁经过千锤百炼最终能成为熠熠生辉的高纯度钢。同理，隐藏着诸多缺陷的构想和方案经过反复推敲和打磨之后，最终将成为相对完美的解决方案。

◯ 本节导图

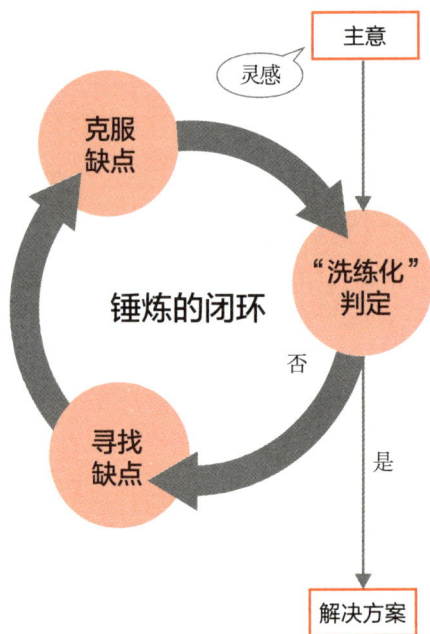

锤炼的闭环

坚持不懈，反复搜寻缺点并逐步克服缺点

鸡蛋里面挑骨头

制作一份潜在缺点清单

❮ 在鸡蛋里挑骨头：否定初始构想

如果总一味地从同一个角度出发思考问题，是无法找出所有缺点的。因此，我们不仅要从正面观察，还要从侧面、上面、下面等不同的角度审视问题，时不时地回过头来想一想"或许还能从哪里找到缺点"。我们应该抱着这种辩证的、怀疑的态度，就如同在鸡蛋里挑骨头那般挑剔，苛刻地审视整个创意，努力寻找其中的疏漏。

恰恰就在这个时候，我们有必要对自己初始的构想和创意持怀疑和否定的态度。我们要追求的正是这样一种谨慎的态度——不断地挑剔细节、寻找失误、弥补疏漏。

❮ 画出问题的二维平面图

如果我们从正面看一个物体，它或许像一个三角形；从侧面看的话，它或许就像一个正方形；如果我们再尝试着从上方看，它或许又像一个圆形。可能你觉得这件事难以想象，但其实这并不是什么未解之谜，也并非是错觉，而是实际存在的现象。正如诗句中所描述的那样："横看成岭侧成峰，远近高低各不同，不识庐山真面目，只缘身在此山中。"我们身处的环境不同，看待问题的视角不同，所看到的物体的形态也会迥然不同。

我们生活在立体图形的世界里，看到的也是立体的图形。然而，立体图形在视网膜上的成像是二维平面图形，而并非三维立体图形。在大脑中最终呈现出来的三维立体图形是在综合各个二维平面图形的信息之后，经由大脑判断而合成的。

如果对二维平面图形所掌握的信息不够充分和全面，就无法在大脑中精准地构建三维立体图形。换句话说，如果掌握的信息不够充分，就极有可能在大脑中形成错误的立体图形。这样一来，想法就不能客观反映事物的本质，反而成了主观的臆想。如果大脑里充斥着臆想，我们就无法捕捉到真实的信息，无法看清问题的本质，从而极有可能判断失误。

如上所述，我们看问题时要选取全方位的视角，才能尽可能地接近问题的本质（见图 4-3）。如果只看到了圆形和三角形就急于做出判断，就会从观察到的部分推测全貌，如管中窥豹。

我们在解决问题时要尽量避免片面地认识问题，草率地做出判断，只见树木不见森林。由此可见，视角不全面，则信息不足；信息不足，考虑问题时就会受到制约。

图 4-3　转换看问题的视角

（从不同的方向看，能看到三角形、正方形和圆形）

❯ 从多维度空间解构立体问题

仅从三个方向来看立体图形是远远不够的。同样，我们在思考问题时应该选择更加多元化的视角。我们需要主动地从全方位的视角看待问题，这一点尤为重要。所谓看待问题和解决问题的全方位视角，是指与该问题息息相关的各种"立场"。我们必须站在该问题的多个相关立场，综合而客观地审视问题（见图 4-4）。

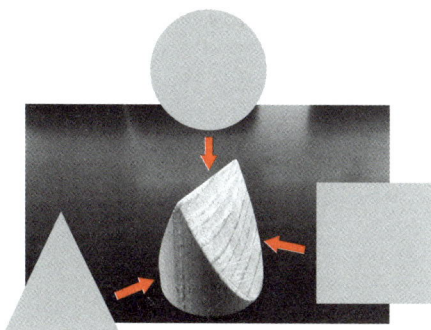

图 4-4　转换看问题的立场

无论是谁，当他所熟悉的状态、习以为常的行为方式，以及生活环境发生改变时，他做事就会变得更加谨慎。原来的行为方式和思维模式将不再适用，也难以迁移，这是我们必须慎重思考的问题。在这种情况下，虽然我们会怀疑自我或焦虑不安，但是在我看来，这本来就是正常的现象，也是解决问题过程中不可或缺的一环。

❮ 制作潜在缺点清单

那么，哪些构想和观点需要我们更加慎重地对待呢？我认为我们应该预先把这些构想和观点一一罗列出来，制作成清单。

这样一来，看问题的视角和方向就会更加明确。将潜在的缺点列成清单逐一核查，既可以减少甚至避免出现不必要的疏忽和遗漏，又可以免去直到被他人尖锐地批评才觉察到纰漏的尴尬。在实际工作中，潜在的缺点清单可分为以下几类。

- **资源方面的潜在缺点清单**

在消费支出（成本）、时间、人才、空间、购买等方面存在的问题。

- **效果与功用方面的潜在缺点清单**

在收入、收益、顾客满意度、社会信用度、成长与发展、速度与效率、创新性、差异化等方面存在的问题。

- **其他方面的潜在缺点清单**

在公司内部协作、法律、规范化、行业规则、技术、知识、顾客等方面存在的问题。

✿ 本节导图

资源	消费支出	√ 消费支出是否超出预算？
	时间	√ 能否在交货或交稿的最后期限内完成？
	人才	√ 能否确保必要人员参与？
	空间	√ 在何处实施计划 / 举办活动？
	购买	√ 能否筹备好原料、物料等活动必需品？
效果与功用	收入	√ 能获得多少收入？
	收益	√ 能获得切实收益吗？
	顾客满意度	√ 顾客满意度如何？
	社会信用度	√ 能否取得社会的信任？
	成长与发展	√ 组织或个人能否获得发展？
	速度与效率	√ 能否节省时间、高效办事？
	创新性	√ 是否具有创新性？
	差异化	√ 在激烈的竞争中能否形成差异化？
其他	公司内部协作	√ 在公司内部协作时是否会产生矛盾？
	法律	√ 是否受到法律或规章制约？
	规范化	√ 是否已进行规范化整合？
	行业规则	√ 是否违反行业规则？
	技术	√ 是否有技术性提高？
	知识	√ 能否获取新的知识？
	顾客	√ 目标顾客是谁？

潜在缺点清单

充分整理清单才能发现各项潜在缺点

思考其他可能性

实现构想的裂变与分化

从正反两方面看待问题

为了根除缺点与不足，我们需要再次创造性地面对问题。事实上，搜寻缺点的过程中所持有的态度与剔除缺点时所持有的态度正好是看待问题的正反两个方面。

为了促使构想与创意更加精炼和完备，我们需要辩证地看待问题，即在查找缺点的过程中持批判的态度，而在剔除缺点时持肯定的态度。攻守结合，取其精华，去其糟粕，这便是我在此要着重强调的。换言之，我们在看问题时要具备辩证的思维，从正反两个方面全面地看待问题，然后将所获得的信息综合起来，从而推动问题的顺利解决。

通过重新构思避免失误与不足

既然已经发现了问题所在，接下来就要思考如何避免失误与不足，这就需要我们重新构思方案。

在所提出的构想与创意中难免存在一些不足，为了克服这些缺陷，我们需要重新构思解决问题的框架，即使新的构想错误百出、不太理想也没有关系。不要寄希望于一次性就能够把问题完美地解决，而应该在不断试错的过程中，循序渐进地解决问题。

在解决问题的过程中，我们有时也会采纳之前已经被筛掉的构想，这属于正常现象。为了使构想与创意转化成真正能解决问题的方案，我们必然要深入构想的内部，思考其他可能性，这样一来更多的奇思妙想就会被挖掘出来。

在克服一个构想缺点的过程中，很可能产生多个构想。我们只需要将这些构想进行分类、整合，然后把它们置于各自的"锤炼循环"中进行检验和完善即可。

﹨ 测试与检验同等重要

在经历过某种程度的锤炼后，我们可以把构想或创意整理成具体的解决方案，然后进行严格的测试与检验，因为只有在实践中才能检验出是否存在问题，在此过程中或许还会发现意想不到的缺陷。下面的这个案例就很形象地说明了这一点（见

图 4-5)。

进行运行测试会花费较多的时间和精力，很有可能是一个规模不小的工程。即便如此，我们也不应该回避麻烦，草草了事。只有竭尽全力，才有可能洞悉问题的本质和根源，毕竟在这个阶段发现问题的实质也为时不晚。

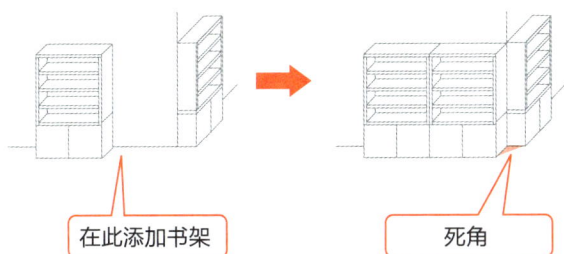

图 4-5　添加书架时发现了死角

▶ 听取他人的意见

为了完全剔除构想、创意或解决方案中的缺点，有时候有必要向团队展示自己的想法，并耐心地听取他人的意见和建议。在某些场合，我们还需要向顾客或专家展示策划案，如果有人指出其中的缺点，我们就应该虚心听取。

接下来，我们就进入了解决方案的运行测试阶段，同时会发布测试版本，邀请顾客和专家作为评测员对这一方案进行评价，这也是一个发现方案缺点的好办法。

越是新颖的方案，错误与不足就越多。只有无论从哪个角度看都难以再发现缺点和谬误，无论展示给谁看都难以再被指摘和批评，我们才真正达到了"锤炼"的目的。

解决问题的大部分时间都应该花在"循环锤炼"中，因此，在此过程中我们绝对不能偷工减料，必须认真对待并且努力实现锤炼的效果。

再回到"书架"这个案例上，解决存在死角这一问题的方法有六种，分别是：缺点消除法、缺点减少法、缺点改变法、缺点交换法、缺点加工法和缺点接受法。这六种方法的具体特征和注意事项如下。

- 缺点消除法

逐步剔除导致缺点的要素，直至完全克服缺点。

运用这种方法时要注意：在剔除缺点的同时，整体框架也在变化，很可能优点也被消除了。

- 缺点减少法

逐步减少导致缺点的要素，进行无害化处理。

运用这种方法时需要注意：难免存在一些轻微的缺陷。

- 缺点改变法

逐步加工导致缺点的要素，从而使方案更加完美。

运用这种方法时需要注意：在加工的过程中或许又产生了新的缺点。

- 缺点交换法

逐步将导致缺点的要素与其他要素交换，直至方案没有缺点。

运用这种方法时需要注意：在要素交换的过程中有可能形成其他缺点。

- 缺点加工法

逐步加入其他要素，让缺点要素不再那么明显，消除缺点带来的过于明显的影响。

运用这种方法时需要注意：添加的要素自身也可能存在缺点。

- 缺点接受法

坦然接受导致缺点的要素，不再添加其他要素，而在该方案内部进行调整从而逐渐消除缺点。

运用这种方法时需要注意：可能无论如何调整都不能消除所有缺点。

总而言之，这六种方法各有所长，又各有缺陷。我们在实践过程中，需要具体问题具体分析，对症下药。

⚙ 本节导图

缺点消除法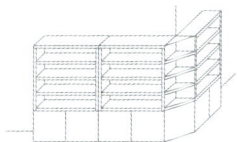

缺点减少法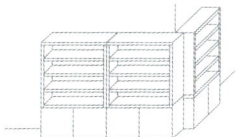

缺点改变法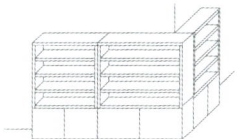

缺点交换法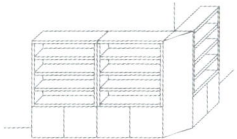

缺点加工法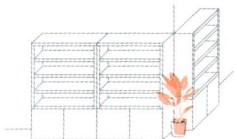

缺点接受法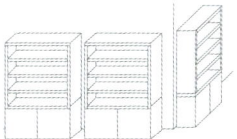

克服缺点的六种方法：书架添加实验中的死角问题

规避思维的"陷阱"

不是应急，而是从根本上解决问题

解决问题时容易落入的陷阱

随着创意与构想逐渐"精练化"，它们经过整合后会以具体方案的形式呈现出来。当然，即使各个方案看起来都很完美，我们还是需要再次确认是否切实可行，事态是否的确在向我们所希望的方向发展。也就是说，即使我们已经提出了一个看起来近乎完美的方案，我们也要努力消除由这个方案引起的不良影响。

很多时候，在实施方案之后，也会出现偏离预想方向的情况，这就是我们在解决问题的过程中时常落入的陷阱。

乍一看可能觉得问题已经解决了，但实际上那只不过是一时的紧急处理罢了，就像是为了止血而采取的应急措施，虽然止住了血，却没有从根源上解决问题。

❚ 低价促销活动中的失败案例

在商业领域中，商品销路不畅时，商家会开展限时低价促销活动。价格下调会吸引很多消费水平不高的顾客购买此类商品，这确实是一种不错的解决策略。

限时低价促销活动吸引了许多新顾客前来购买商品，他们在真实体验商品之后也确实感受到了好处。既然顾客已经发觉该商品物美价廉，那么策划者也相信即使在促销活动之后，他们也会成为稳定的顾客（见图4-6）。

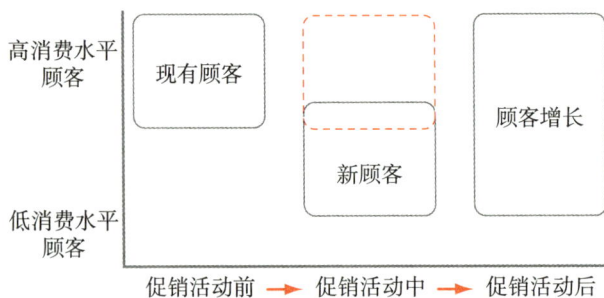

图 4-6　限时低价促销活动策划方案

限时低价促销活动促进了销售额的迅猛增长，正如策划案中所述"蓬勃发展的趋势"一样。策划者终于可以放下心来。

然而，没有想到的是，下个月的销售额竟然比限时低价促销活动前的销售额还低，甚至可以说是大幅度下降几近跌入谷底。这是因为在促销活动中购买商品的顾客并不是他们认为的新顾客，而是疯狂囤积商品的老顾客。在限时低价促销活动期间，销售额上涨是一种假象，只是因为下个月的销售额提前生成了而已。

随后还有更糟糕的事情，一个限时低价促销活动周期结束后，老顾客开始期待下一轮限时低价促销活动的到来。久而久之，公司不得不妥协，商品价格就不得不真正降低了，那么从结局来看，这个促销活动的方案是失败的。

❮ 飞石法则：选择少有人走的路

当然，仅从提高销售额的角度考虑，问题确实已经得到了解决，从这个层面上说也可以认为成功了。但是，关键在于事情根本就没有朝着设想的方向发展，而是事与愿违。这才是问题的"真面目"。

如果只着眼于寻求解决眼前问题的方案就可能永远达不到真正的目标。我将这一现象称为"飞石法则"。虽然每次你都能想出解决眼前问题的方案，但是如果只选择近距离容易踩到的石块，看似轻松解决了问题，可是没有发生飞跃性的质变，最终你也无法顺利到达彼岸。

有时候，放弃简单路线而选择难走的路会让人望而生畏，但是为了解决根本性问题，我们必须勇敢地选择一条少有人走的路，迎难而上。不管是容易还是艰难，总有解决的办法，我们总要面对困难，"飞跃上岸"。因此，我们需要探究问题的本质，选择最佳方案，让事态朝着希望的方向发展下去。

在商业领域总有少数企业敢于挑战未知领域，大力研发新产品，开拓新领域，最终成功实现了产品的升级换代和创新，从而实现了真正的飞跃。然而，有的企业始终满足于自身传统产品的销售，无法顺应时代前进的步伐，最终被时代淘汰。

○ **本节导图**

一直选择容易踩到的石头，走这条路很轻松，但最终无法到达对岸。

为了到达对岸，我们有必要挑战难以踩到的石头，以完成飞跃，产生质变。

苹果	输入设备实现了从键盘到鼠标，从鼠标到手写板，从手写板到触摸屏的转换。
索尼	把"随身听"的形式从磁带转换为CD，后续转换为DVD、硬盘等。
富士胶片	从生产胶片转型到生产液晶显示器、化妆品、医疗设备、健康食品。
宝丽来	由于无法生产数码相机，公司宣布破产。

飞石法则

有时候我们必须迎难而上，选择一条布满荆棘的少有人走的路

请戴上"六顶思考帽"

不是无休止的争论，而是集思广益

❭ 平行思维：六顶思考帽思考法

六顶思考帽思考法是由"创新思维学之父"爱德华·德·博诺（Edward de Bono）博士开发的一种思维训练方法，或者说是一个全面思考问题的模式。它提供了"平行思维"的工具，以避免将时间浪费在互相争执上。此方法强调的是"能够成为什么"，而非"本身是什么"，是寻求一条向前发展的路，而不是争论谁对谁错。

运用六顶思考帽思考法，会使混乱的思考变得更清晰，使团体中无意义的争论变成集思广益的探讨，使每个人变得富有创造性。六顶思考帽思考法在寻找方案缺点环节中能够发挥巨大的作用。

人可以进行多维度的平行思考，也可以有意识地脱离整体，进行独立的思考。六顶思考帽思考法是指团队全体成员同时戴上相同颜色的帽子，互相交流构想并整合构想的方法。这种思考方式共有六种，我们将这六种思考方式分别与具有象征性的六种颜色的帽子一一对应，从而增加操作的直观性和趣味性。

◣ 六种颜色的帽子，六种思考方式

蓝色帽子

这顶蓝色帽子代表的是纵观全局的整体性思考。戴着这顶帽子的时候，要考虑到作为管理者必须在意的程序、安排、进度以及资源管理等。戴着蓝色帽子的人绝对不会感情用事，而能够纵观全局、从最高视点俯瞰整体面貌。因此这种管理者的思考方式被赋予了蓝天的颜色。

白色帽子

这顶白色帽子代表的是关于信息和事实的思考。戴着这顶帽子的时候，要考虑到作为分析者必须关注的资料、数据、证据等。戴着白色帽子的人绝对不会主观地考虑问题，它是分析者的代名词，因此这种分析者的思考方式被赋予了象征着白领的白色。

红色帽子

这顶红色帽子代表的是由于感情或心情而引发的思考。戴着这顶帽子的时候，要考虑到作为感性的人一直在意的外表、心情、性格、人际关系、感觉和风格等。戴着这顶帽子的人绝对不会理性地考虑问题，它是感性的人的代名词，因此感性的思维模式和思考方式被赋予了象征着激烈而炽热的红色。

黑色帽子

这顶黑色帽子代表的是仅仅停留在悲观立场上的思考。戴着这顶帽子的时候，要考虑到作为谨慎者一直在意的风险、威胁、不可能性以及失败等负面因素。戴着这顶帽子的人绝对不会考虑好处和优点，因此这种象征着谨慎者的思维方式被赋予了浓重的黑色。

黄色帽子

这顶黄色帽子代表的是乐观者的思维方式。戴着这顶帽子的时候，要考虑到作为积极者一直在意的好处、利益、成就、可能性、成功等正面因素。戴着这顶帽子的人绝对不会消极地考虑问题，因此能够正面、积极地考虑问题的乐观主义者被赋予了象征着太阳光芒的黄色。

绿色帽子

这顶绿色帽子代表创新性思考方式。戴着这顶帽子的时候，要考虑到作为创新者一直在意的新颖性、差异化、独特性等。戴着这顶帽子的人绝对不会考虑惯例，绝对不甘受到框架的限制，因此这些特立独行的创新者被赋予了代表事物萌芽期和成长期的绿色。

◎ **如何使用六顶思考帽思考法**

1. 解释不同颜色帽子的含义
2. 决定最初每个人要戴的帽子
3. 全员戴上帽子
4. 根据不同颜色帽子的含义进行头脑风暴
5. 选出最后留下来的帽子
6. 重复步骤3、步骤4、步骤5

○ 本节导图

蓝色	是否会对经营造成影响？ 是否会给顾客留下不好的印象？ 是否违背企业理念？
白色	证据是否齐全？ 是否基于真实信息？ 数据是否真实可靠？ 手续是否齐全？
红色	能否激发出干劲？ 能否有效解决问题？ 团队成员喜欢的东西和讨厌的东西是什么？ 公司内部是否有人反对？
黑色	是否考虑过潜在风险？ 失败后会造成怎样的影响？ 是否有人反对？ 费用会增加多少？
黄色	能否再挑战更高难度？ 想法能否再大胆一些？ 顾客满意度能达到什么程度？
绿色	能否再添加全新要素？ 能否变得更具独创性？ 能否添加其他公司所没有的要素？

六顶思考帽思考法的基本要素

戴上哪种颜色的帽子，就成为哪种性格的人

将评价可视化

找到付出和收获之间的差距

◥ 明确可靠性和现实性

我们在不断锤炼创意和构想，进而总结出可以成功解决问题的方案之后，接下来的关键步骤就是对该方案进行验证。

而在验证过程中，需要明确初期方案的可靠性和现实性。我们必须留意图纸设计、强度计算、费用计算、日程安排等准备工作，并确认上述所提及的各个方面和各项工作是否切实可行，以保证解决方案的可靠性。

◥ 检验全部项目

检验通常是在发生问题的情况下进行的。问题的类别不同，需要检验的项目也不尽相同。从本质上说，检验就是确认平时所做的企划提案等是否具有可行性和现实性。而且，需要检验的不仅仅是项目，资料中所用的表现方法和传达方法也需要检验。

为此，我们必须明确以下两个事项。

一是明确新方案实施前后的投资差量。在通过解决方案之后，我们需要考虑的是从旧方案到新方案，必要的投资量是多少。

二是明确新方案实施前后的功效差量。我们有必要考虑以下问题。例如，目前为止采用过的各种方案得到的不同效果是怎样的；是否在方案实施后有所损失；我们在实施方案后是否真正达到了希望达到的效果。

明确这两个差量后，就可以进行评价了。我们可以绘制评价图（见图 4-7），通过分析关键数据，就可以判断这套解决方案的价值，进而实现评价的"可视化"。

◎ **计算新方案带来的最新价值**

功效差量

$$V' = \frac{F'}{C'} = \frac{F + \Delta F}{C + \Delta C}$$

据此可以计算新的价值，并以此证明方案实施后价值是否有所提高。

投资差量

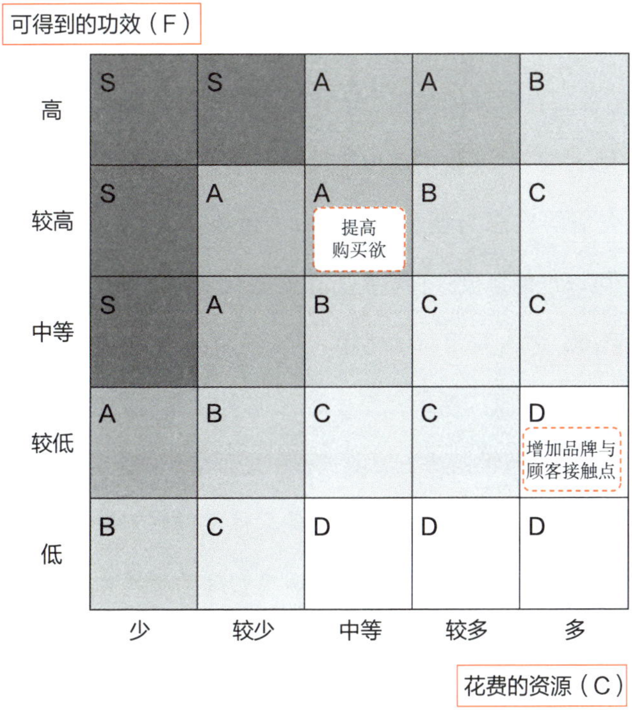

可得到的功效（F）

	少	较少	中等	较多	多
高	S	S	A	A	B
较高	S	A	A	B	C
中等	S	A	B	C	C
较低	A	B	C	C	D
低	B	C	D	D	D

提高购买欲

增加品牌与顾客接触点

花费的资源（C）

S：价值高，完全没有改善的必要
A：价值较高，没有改善的必要
B：价值中等，可根据需求进行改善
C：价值较低，需要进行改善
D：价值低，一定要改善

图 4-7 评价解决方案

❘ 保留数据

　　请保留在验证的过程中所产生的数据。之所以这样做有两个理由，第一，是为了避免错误的调整。我们知道，解决方案是在先前的构想与创意经过不断"锤炼"之后的"集大成之作"，可以说能形成一种解决方案必然有其原因所在。如果擅自进行调整，就有盲目行动之嫌，最终可能就无法顺利解决问题了。在执行阶段，当条件发生改变或者与设想的情况不同时，请再次确认在检验解决方案的过程中是否出现偏差或错误。

　　第二，检验过程中所生成的数据也可以作为解决其他问题的参考资料。我们历尽千辛万苦收集整理的资料和分析处理的数据，即使在该解决方案中没有被采用，也是相当珍贵而且具有参考价值的。如果这些资料和数据丢失了，就需要重新收集，这就造成了时间和资金上的浪费。所以，我们需要在事后总结这一连串的检验结果，以便能在必要的时刻以此为参考再次进行构思。

○ 本节导图

可得到的功效（F）

	少	较少	中等	较多	多
高	S	S	A	A	B
较高	S	A	A	B	C
中等	S	A	B	C	C
较低	A	B	C	C	D
低	B	C	D	D	D

提高购买欲

增加品牌与顾客接触点

花费的资源（C）

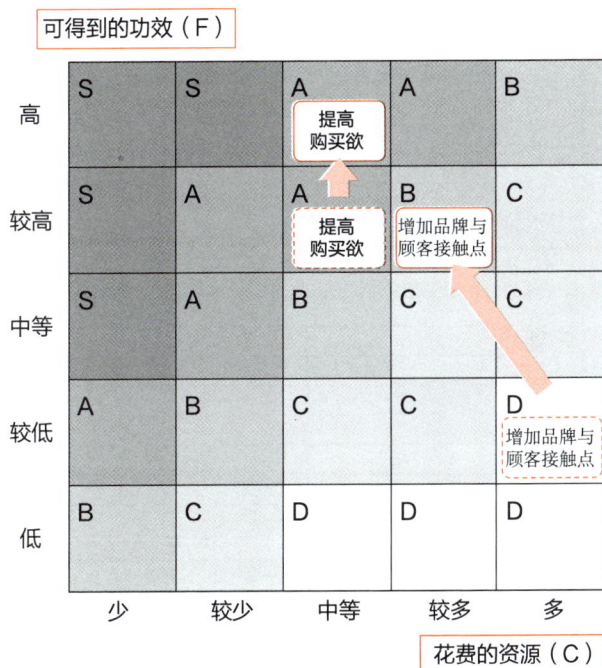

S：价值高，完全没有改善的必要
A：价值较高，没有改善的必要
B：价值中等，可根据需要进行改善
C：价值较低，需要进行改善
D：价值低，一定要改善

对解决方案的评价

通过评价解决方案，确定改善之处

拆解清单④

	方案		
	采用街景式风格制作地图		
	不足	如何克服缺点	判定
锤炼	没有展示照片的地方	发布在博客上	✓
	只有照片的话会让人感到费解	在照片上做记号	✓
		用文字说明照片内容	✓
	……	……	

	完善的解决方案	补充
解决方案	在博客上按照人的视线方向制作地图，用箭头指示方向 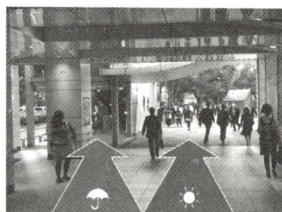	发布在博客上比发送邮件更省钱。

拆解指南 4 锤炼　锤子思维：“实锤”疏忽问题

把“茅塞画圆”捶捶365次：循环锤炼你的方案

打磨　删除有害成分和不利因素

提纯　排查缺点疏漏，开展剔除工作

锤炼的闭环　克服缺点　——“洗练化”判定　——寻找缺点

思考其他可能性：实现构想的裂变与分化

保持辩证态度

① 搜寻缺点→批判态度　② 剔除缺点→肯定态度　③ 思考其他可能性

重新构思方案
1 构思解决问题的框架　4 分类整合　5 在“锤炼循环”中进行检验和完善
6 测试与检验问题　7 听取他人意见　8 克服缺点
2 剔除缺点→肯定态度　3 深入构想内部

请戴上“六顶思考帽”：不是无休止的争论，而是集思广益

平行思维：六顶思考帽　集思广益

无意义的争论

整体性思考　　对信息和事实的思考　　悲观者思维
乐观者思考　　感情/心情引发思考　　创新性思考

鸡蛋里面挑骨头：制作一份潜在缺点清单

① 否定初始构想　② 全方位审视问题
③ 制作潜在缺点清单　——避免疏忽遗漏

罗列构想和观点　　明确看问题的视角　　核查潜在缺点清单

规避思维的“陷阱”：不是应急，而是从根本上解决问题

近乎完美的方案　　消除不良影响

【陷阱】

飞石法则　× 选择容易察到的石块　✓ 选择少有人走的路

避免　事态发展偏离预想方向

解决眼前问题　　解决根本问题

将评价可视化：找到付出和收获之间的差距

验证方案，保证方案的可靠性

① 明确可靠性和现实性　实施前后的投资效果差量
② 对解决方案的评价　分析数据→判断价值
③ 绘制评价图　实现评价“可视化”

制图丨三股文化传媒

第 **5** 章

螺丝刀思维：拧紧大脑的发条，
让拆解成为一种习惯

关键词：完善

刻意练习的三个步骤

分析—创构—锤炼

三个步骤的落地

只要在解决问题的过程中经过分析、创构、锤炼这三个步骤，即使对于非常棘手的问题，我们也能够构思出巧妙的解决方案。

如果能够改善这个解决方案的不足，能够预想实施阶段潜在的障碍并且有办法将其彻底消除，那么这个方案就是可以付诸实施的最佳方案。

经过以上三个阶段后，我们便可以将方案运用到解决实际问题中去。如果这个方案确实能够达到预期效果，那么问题就能迎刃而解。

习得性拆解问题

为了真正掌握解决问题的技能，请在平时的工作或培训中把握机会，养成拆解问题的习惯吧。

首先，在自己的工作中，请试着提出"为了谁？为什么？"等问题，提高认识问题的能力。其次，请尝试分解问题，进而分析解构后的问题。如果我们经常刻意练习拆解问题，那么确定问题改善之处的能力就会提高。然后，请试着提出解决身边问题的独特构想。这样能够提高你的构思能力、创造能力和想象力。最后，请找出现有方案的缺点，并且尝试克服它，从而提高解决问题的精准度。

还有一点也非常重要。我们在会议中或其他类似场合听取别人意见时，请试着提出自己的意见、建议或疑问。养成提问的习惯，就可以带着问题意识观察身边的事物。说不定有一天，你的上司会注意到你，想听听你的见解。

图 5-1 平时就练习如何解决问题

如图 5-1 所示，我们应该有意识地在日常的工作和生活中练习解决问题。例如，在会议上提出自己的意见和看法，尝试着提出"如果是我的话，我会如何去做。"在实际处理业务时，也应该积极地思考"这是为了谁""为什么"之类的问题。这些思考训练可以让我们"脑洞"大开，形成问题意识，从而培养提出问题和解决问题的能力。

╲ 顺利解决问题的好处

如果问题能够得以解决，就能够顺利地开展工作，这样做有很多好处。

首先，对公司而言，相关业务能够得以开展，各项流程可以开始运转起来，这是最直接的好处。销售额的增加、新业务的开拓、顾客满意度的提升、顾客量的增加，这些都与顺利解决问题密切相关。其次，对个人而言，如果解决问题的能力强、工作能力就会得到认可，能快速成长为相关领域的骨干，实现自我也会变得更加容易。

达成以上目标之后，我们每天的工作和生活都会变得丰富多彩，人际关系会变得更加融洽，从而有利于进一步开展业务，实现良性循环。

　　总之，学会解决身边的问题，就个人而言，直接作用是能够提升个人发现问题和解决问题的能力；间接作用是在工作和生活中感受到快乐，能够体会到达成目标的成就感。就企业而言，直接作用是促使业务有序开展，增加销售额，提升客户满意度；间接作用是能够解决人际关系问题，优化工作环境。

○ 本节导图

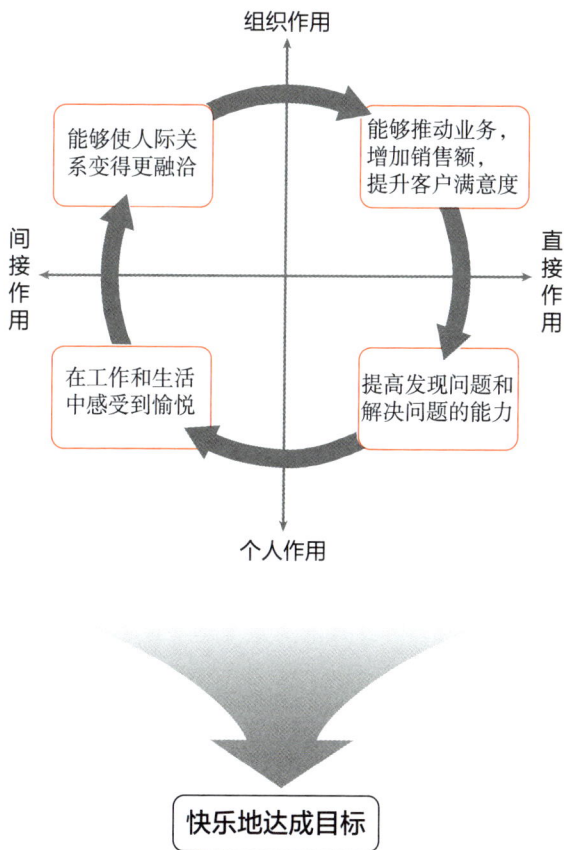

组织作用

能够使人际关系变得更融洽

能够推动业务，增加销售额，提升客户满意度

间接作用

直接作用

在工作和生活中感受到愉悦

提高发现问题和解决问题的能力

个人作用

快乐地达成目标

顺利解决问题能给我们带来什么

解决问题所必备的能力

环环相扣的诺斯特模型

解决问题的过程几乎囊括了商业中的所有流程。不管是解决小问题还是解决大问题，都要经历类似的过程。反过来说，如果掌握了拆解问题的技能，我们就能在事业上立足。

▗ 在有限制的情况下完成任务

在解决问题的过程中，我们往往会受到各种限制。例如，有时候会受到时间或费用上的限制，有时候会受到人员或行动上的限制。我们必须在有限制的情况下解决问题，完成任务。

在这种情况下，时间管理就显得尤为重要。在实施工程管理和进度管理的过程中，我们要有应对拖延症的能力。

在进行时间管理的同时，成本的管理也是非常必要的。在做成本预算时，必须有成本管理的意识。这就需要我们能够准确判断哪些地方需要增加预算费用、投入成本，哪些地方应该减少预算费用。

如上所述，在进行时间和成本管理的同时，还需要进行成果的管理。我们必须制订合理的计划，跟进实施过程，评估流程进展情况，预测能够实现哪些预期的成果。在此过程中，我们要具备高度精准的预测能力和预判能力。在控制时间和成本的同时，最大限度地达成目标——这是任何业务都需要的技术诀窍。

❚ 带动人员和组织

只靠管理是无法完成任务的，有必要发挥每个团队成员的潜在能力。在解决问题的过程中，有机地将成员的经验和知识联系起来是至关重要的。如果能做到这一点，就能够提出多元化的解决方案。

另外，为了将解决方案付诸实践，必须说服相关人员进行积极的实践活动。正如诺斯特模型所示（见图 5-2），如果得不到理解和合作，就会遭受抵抗。

有时候谈判是必要的，有时候需要随机应变，有时候需要事先沟通——这些都是在实际工作中经常使用的技巧。从解决小的问题着手，掌握解决难题的技术，这项工作在员工培训中也是非常必要的。

理念 + 共识 + 能力 + 报酬 + 资源 + 实施计划 = 达成目标

图 5-2　每个环节都不能缺少的诺斯特模型

诺斯特模型是指依次包含理念、共识、能力、报酬、资源、实施计划各个环节在内的工作过程模型。在这个模型中，任何一个环节都至关重要，缺少任何一环都会影响既定目标的达成：

- 如果缺少理念，就会思维混乱；

- 如果没有达成共识，就会产生阻碍和干扰；

- 如果没有能力，就会产生不安；

- 如果没有获得报酬，就会遭到抵抗；

- 如果资源匮乏，就会使人感到焦虑；

- 如果缺少实施计划，就会令人感到沮丧和无助，实施行动就沦为空想。

由此可见，无论欠缺其中的哪一个环节，都不能达成既定目标。因此，应该将各个环节有机地融合起来，让其各司其职、各尽其责，充分发挥各项流程的潜力。

✿ 本节导图

```
                                    ┌─ 成果管理能力
                          ┌─ 管理 ──┼─ 时间管理能力
                          │   能力   └─ 成本管理能力
                          │
                          │          ┌─ 业务协调能力
                          ├─ 协调 ──┼─ 人际关系协调能力
                          │   能力   └─ 组织协调能力
              解决问题 ────┤
              的能力        │          ┌─ 知识
                          ├─ 执行 ──┼─ 毅力
                          │   能力   └─ 体力
                          │
                          │          ┌─ 策划能力
                          └─ 达成 ──┼─ 制作资料能力
                              能力   └─ 应对质疑能力
```

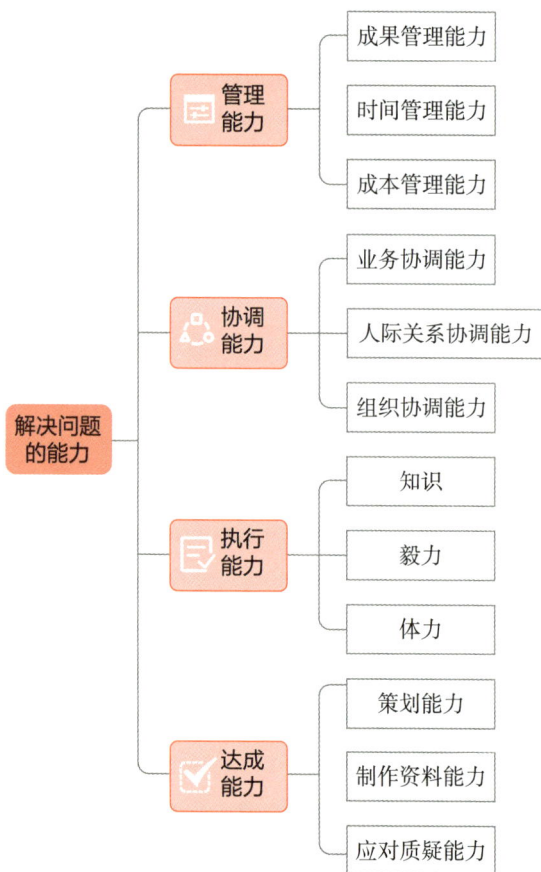

解决问题所需要的能力

在解决问题的过程中，任何一种能力都不能缺少

锻炼"脑部肌肉"

思维是有记忆的

＼ 平时努力就不会感到痛苦

如果我们将功夫用在平时，当真正遇到问题时就不会感到措手不及、无法应对。解决问题是一个复杂的闭环活动，不是仅仅通过分析就可以轻易完成的。解决问题需要我们尝试着去行动，而且要坚持到底。

如果我们平时就有计划地练习，有努力解决问题的意识，就不必担心不会解决问题。随着我们不断高效地解决问题，工作也会进展顺利。

＼ 有记忆的"肌肉训练"

大多数人都不是长期从事某项运动的专业运动员，若不做任何准备活动而突然开始运动，就很容易拉伤肌肉。这是造成受伤或抽筋的重要原因。

就像筋骨变得僵硬、肌肉变得无力一样，如果你平时不进行思维的"肌肉训练"，那么处理问题的能力自然会衰退。

这就是我要强调平时进行大脑"肌肉训练"的原因。但是，这并不意味着要刻苦训练，我们只需要适当做一些"肌肉拉伸"的训练就足够了，只要达到"微微出汗"的程度即可。

伸展肌肉时不用过于勉强，只需要拉伸一下即可。每天只需要提出简单的想法。

锻炼肌肉是需要承担负荷并花费力气的。
每天我们都要埋头苦干，努力解决问题。

图 5-3　解决问题就是锻炼"脑部肌肉"

如图 5-3 所示，我们可以用肌肉训练来类比提出想法、解决问题的过程。提出想法好比伸展肌肉，我们不必为了提出绝妙的方案而苦思冥想，而只要稍稍拉伸大脑的"肌肉"，每天坚持提出简单的想法即可。解决问题则好比肌肉锻炼的过程。肌肉锻炼需要付出努力，花费力气，而解决问题也需要我们埋头苦干、付诸行动。

▌ "1.01 法则"和"0.99 法则"

最近，日本某小学的校长办公室里张贴了一张条幅的新闻异常火爆。

条幅上写着 1.01 的 365 次方约为 37.8；0.99 的 365 次方约为 0.03。这就是 "1.01 法则"和 "0.99 法则"。

除此之外，还有下面一句话："如果每天都勤奋努力，最终会形成很大的推动力量；如果每天都偷懒一点，终究会失去竞争力。"

我认为这个公式包含了两个关键词：一个是 1%，另一个是 365 天。第一个关键词的意思是：我们只需要抽出每天 1% 的时间就足够了。如果除去睡眠的时间，每天的时间按 17 个小时计算，那么 1% 的时间约为 10 分钟。因此，"努力 1%"的意思就是每天坚持努力 10 分钟。

第二个关键词的意思是：请在一年（365 天）的时间里，每天都努力，持之以恒。这个词所要传达的是不间断地努力的重要性。

因此，这两个关键词所要传达的信息可以总结为：一个只花 1% 的时间和精力做出努力的人和一个时不时就偷懒的人，在短短的一年之内他们之间会产生极大的差距。每天努力 1%、坚持 365 天的人，与每天懈怠 1%、懈怠 365 天的人，最终将开启不一样的人生。

"1.01 法则"与"0.99 法则"的大意是："如果你每天都进步 0.01，一年过后你的实力就会是以前的 37.8 倍；如果你每天都退步 0.01，一年后就会只剩下以前实力的 3%。"

按照此公式，在计算了 1.01 的 365 次方和 0.99 的 365 次方后发现，结果存在显著的差异。虽然 1.01 和 0.99 只相差 0.02，但把这个微小的差异累积后，差距就很明显了。

估算后，我们会发现差了很多倍。虽然这个计算结果并不等同于现实的状态，但其中所蕴含的道理对人们积极努力、追求进步的启示是值得深思的。如果每天都能比前一天进步一些，哪怕只有一点点，那么积累起来的效果也是十分显著的。即使是一个缺乏工作技巧的人，他只要坚持付出一点一滴的努力，就必定能够掌握相应技能。

也就是说，无论是不擅长解决问题的人，还是缺乏创造力的人，只要依照科学的方法进行训练并坚持下去，就一定能够成为解决问题的高手。

○ **本节导图**

1.01法则 …… $1.01^{365} \approx 37.8$

如果不停地努力，不久就会产生巨大的力量

0.99法则 …… $0.99^{365} \approx 0.03$

相反，如果一直在偷懒，不久就会失去竞争力

10分钟

在一天（24小时）之内，清醒的时间
如果是17个小时（1020分钟），那么
其1%（0.01）大约就是10分钟。

即使只有10分钟的空闲
时间也要坚持努力的人

每天都偷懒10分钟的人

不要逞能，也不要偷懒

"刚刚好"的努力

让拆解思维伴你成长

功能分析法带来的积极效应

＼ 解决问题不是搜索罪犯

当面临亟待解决的问题时，我们往往会像搜查犯人一样，试图揪出责任人，纠正其所犯的错误并进行惩戒，可结果只会适得其反。从长远来看，这样做不但问题得不到实质性的解决，还容易造成团队成员之间互相推诿、推卸责任，人际关系恶化等一系列麻烦。

因此，我们在处理问题的过程中，应该激发大家积极地思考，想一想自己承担的这项工作是"为谁而做""为什么而做"。

在拿到某项工作时，我们不妨先问问自己，做这项工作是要为谁服务？为什么要提供这项服务？

不要沉迷于查找日常业务中的疏忽和纰漏，因为这样做就很难有深思熟虑以及重新审视和剖析问题本质的机会。

当问题出现时，如果你尝试通过寻找罪犯的方式来解决这一问题，你就会倾向于追究："这是谁的过错？犯了什么样的错误？"如此一来，改进措施通常仅适用于"当下"，并且只适用于"自身"，而无法为解决更广泛的，以及合作伙伴出现的类似问题提供思路和借鉴。

然而，我撰写本书的目的是让读者能够具备解决更高级别、更高层次的问题的能力。本书所要倡导的解决问题的思路是当我们遭遇问题时，应该像寻觅恋人一样，通过人性化的方式寻找能够解决问题的方案，由此及彼，触类旁通。通过这种方式所创建的改进方案，不仅适用于当下的困境和难题，还适用于"将来"，适用于"你的合作伙伴"。这样的改善方案不仅对个人有益，对当下有益，还会对未来有益，对面临同样处境的工作伙伴有所帮助。因此，这种面向未来的解决问题的方式能够起到协调人际关系的润滑剂作用。

◥ 拆解思维能够改变一个人

我曾应邀为某企业解决某项企划所面临的问题，我们通过功能研究法开展了一次研讨会。

在探讨过程中，我详细地询问了具体的问题和已有改善措施实施的情况。话题一经展开，便有不少人开始抱怨，他们表达了以下意见和看法：

- 员工没有干劲，工作能力太差；
- 客户的要求太高；
- 上级的管束太过严格。

总而言之，他们所强调的都是问题不在自己，都说自己一直在非常努力地做事情。

但是，随着研讨的深入，大家关注的焦点转为：

- 有没有我们能够做的事情呢?
- 在这种情况下，有没有需要我去做的事情呢?

出现这种反差的原因在于我们在研讨过程中不断反复询问"为了谁? 为了什么? "不管是否可行，我们都可以放手去试想。

图 5-4 诠释了用功能分析法解决问题的意图。它揭示了以下事实：当你尝试通过寻找"犯人"的方式解决问题时，你的朋友就会成为敌人；然而，当你试图通过寻找"恋人"的方式解决问题时，你的敌人就会变成朋友。

朋友变成敌人　　　　　敌人变成朋友

图 5-4　功能分析法改变了人们的观念

如果你熟知这种解决问题的原理，就能够让团队成员认清问题本质，激发他们的干劲和积极性，从全局和长远的角度出发，从而使问题迎刃而解。

在研讨会即将结束时，有一个成员发出了这样的感慨："现在我一进公司，就会想到这一天要做的事情。我非常期待今天的工作。"

○ **本节导图**

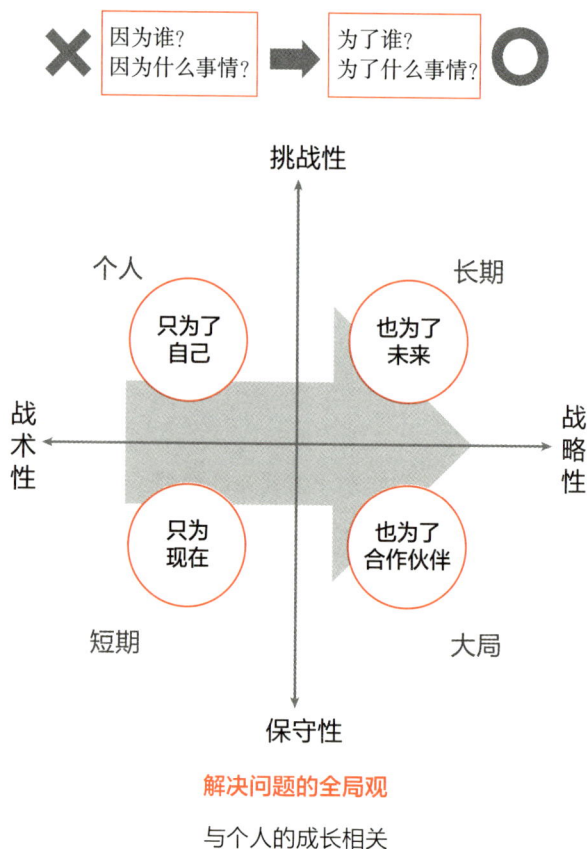

解决问题的全局观

与个人的成长相关

——拆解指南 5 完善 螺丝刀思维：拧紧大脑的发条，让拆解成为一种习惯

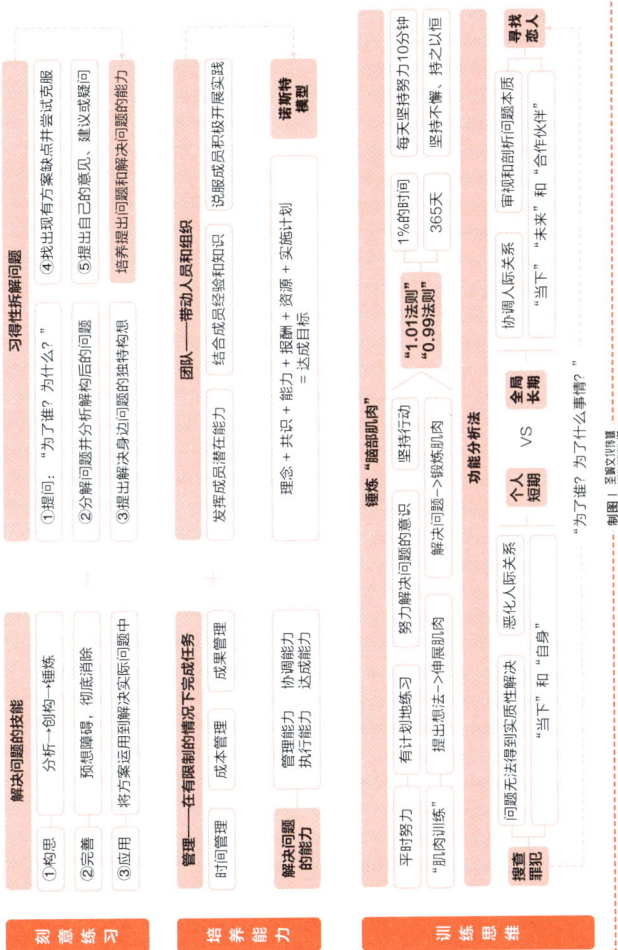

刻意练习

解决问题的技能
- ①构思　分析→创构→锤炼
- ②完善　预想障碍，彻底消除
- ③应用　将方案运用到解决实际问题中

习得性拆解问题
- ①提问："为了谁？为了什么？"
- ②分解问题并分析解构后的问题
- ③提出解决身边问题的独特构想
- ④找出现有方案缺点并尝试克服
- ⑤提出自己的意见、建议或疑问
- 培养提出问题和解决问题的能力

管理——在有限制的情况下完成任务
- 时间管理　成本管理　成果管理

团队——带动人员和组织
- 结合成员经验和知识
- 说服成员积极开展实践
- 发挥成员潜在能力
- 理念 + 共识 + 能力 + 报酬 + 资源 + 实施计划 = 达成目标

培养能力

解决问题的能力
- 管理能力　协调能力
- 执行能力　达成能力

诺斯特模型

训练思维

搜查罪犯
- 平时努力
- "肌肉训练"
- 提出想法→伸展肌肉
- 努力解决问题的意识
- 解决问题→锻炼肌肉
- 恶化人际关系 "当下"和"自身"
- 问题无法得到到实质性解决

锤炼 "脑部肌肉"
- 坚持行动

"1.01法则" "0.99法则"
- 每天坚持努力 10 分钟　持之以恒
- 1% 的时间
- 365 天
- 坚持不懈　持之以恒

寻找恋人

个人 短期　VS　全局 长期
- 协调人际关系
- "当下" "未来" 和 "合作伙伴"
- 审视和剖析问题本质

功能分析法
"为了谁？为了什么事情？"

制图 ｜ 全脑X特曼

后记

要么是改变者，要么是追随者

要不懈努力，拥有多维度拆解问题的能力

＼ 解决问题的"达人"

是改变时代，还是顺应时代？你的选择只能有一个。

这是英国著名发型师维达·沙宣（Vidal Sassoon）的名言。

维达·沙宣是全球闻名的发型设计大师。宝洁公司旗下著名美发产品品牌"沙宣"就是以他的名字命名的。维达·沙宣小时候因父母关系恶劣被送进了孤儿院，14 岁时就退学了。从某种程度上说，他曾经不得不适应外界环境来成长。

　　14 岁那年，维达·沙宣的母亲送他到造型师葛恩教授（Professor Adolph Cohen）门下学艺，从此为他打开了美发设计之门。他在 26 岁时就创立了自己的美发沙龙，一生取得了很大成就。2012 年 5 月 9 日，维达·沙宣在家中去世，终年 84 岁。

　　在维达·沙宣所在的时代，女士都青睐卷发，却无法自己打理。她们每周要去理发店两三次，十分不便。维达·沙宣成功地解决了这个问题。他不拘泥于传统，通过分析女性的脸部轮廓、骨骼形状和发质特点，不断开创新的发型和裁剪技术。维达·沙宣根据每个人的形体轮廓与几何形状的搭配关系设计发型，他的设计理念为发型设计行业以及人们的日常生活带来了革命性的改变，一度享有"新颖别致的发型设计非他莫属"的赞誉。

　　20 世纪 60 年代，他创造了经典的沙宣剪发技术（Sassoon Cut），细致的造型和利落的线条将女士从单调、呆板的发型的束缚中彻底解脱出来。维达·沙宣在发型设计上掀起了一股潮流，他源源不断的创意使发型设计成为一门艺术。

　　维达·沙宣既是行业革新者又是教育家，他热衷于发展发型设计的教育事业，并不断开发品质优良的美发产品。

他充满创意、独树一帜的发型设计理念和力求轻便简洁的设计充分体现了造型与实用性的密切关系，对 20 世纪时装潮流的变迁有深远的影响——他开创了一个充满冲击力与创造力的时代。

当时，披头士乐队（The Beatles，又称"甲壳虫乐队"）活跃在流行时尚界。风格独特、思想开放的维达·沙宣亦是时尚的弄潮儿，为那个年代提供了无限创意。那一刻，维达·沙宣不再是无助的少年，而成了改变时代的人物。

❮ 你站在哪一边

改变时代的说法或许有些夸张，但实际上，在解决现实问题时我们都要站好队：要么站在改变的一边，要么站在追随的一边，二者是截然不同的。

当问题发生时，如果能够积极着手解决问题，我们就是改变的一方。如果放弃努力保持原样，或者等待他人来解决它，我们就属于追随的一方。

那么，你站在哪一边、赞成哪一方呢？

发型1：	倾向于追求艺术性
发型2：	"齐颈波波头"
发型3：	立体的、非对称性的"五点剪式"
剪发技术：	剪发时用手指夹住头发的"沙宣式剪发"
美发沙龙1：	装有玻璃窗的"美发沙龙屋"，让人能够看到工作场景
美发沙龙2：	从传统烫发向"洗、剪、吹"的转型
洗发水：	即使频繁洗发也不会损伤发质的"护理型专业洗发水"
其他：	染发、卷发、头皮按摩等

附图 1 维达·沙宣的创新和突破

由附图 1 可知，维达·沙宣在发型设计上掀起了革命性的潮流。他根据模特儿脸部的不同轮廓，配合几何形状的线条，设计出别致的"沙宣短发"。这个大胆新颖的发型设计轰动了时尚界，人们挤满了邦德街的沙宣发廊。

维达·沙宣和他的发型师团队不断地设计出突破性的发型，如不对称式、五点剪式和希腊女神发型。巴黎一流的时装设计师也争相邀请维达·沙宣为他们的时装系列设计发型。

❮ 除了不断"进化"别无他路

如果问题仍然没有得到解决且情况继续恶化下去，就永远无法实现既定目标，只能坐视可供使用的资源耗尽。如果是在生物界，这种境地便是所谓的"灭绝"。

那么，我们应该如何"进化"解决问题的能力？单纯地改变目标只是暂时性的逃避，最终仍将走上"退化"的道路，遭受别人的"降维打击"。更何况，目的和手段都改变了，这就像"发生了基因突变"一样，终将走进死胡同。因此，我们别无选择，只能"进化"技能，丰富自己解决问题的维度。

这就是我想要在本书中传达的核心内容和理念。那么，请保持充沛的精力和愉悦的心情，投入地工作吧！

❄ 导图

	❖ 目标	
	不改变（达成）	改变（逃避）
手段 改变（解决）	**进化** 不要改变目的，而要改变方法。所谓进化，就是让事物在保持原有方向的基础上发生好的变化。	**变异** 如果目的和方法都改变了，就会产生突变。对于企业来说，这是一种挑战——可能获得巨大成功，也可能遭受巨大打击。
手段 不改变（放任）	**灭绝** 如果环境发生了改变而方法未改变，就意味着"灭绝"，无论如何都不会进入下一个时代。	**退化** 如果不改变方法而改变目的，结果就是"退化"。其实质是：因为不想改变以前的做法，而寻找能够使这种做法正当化的理由。

调准方向，不断"进化"